贾东 主编 建筑与文化·认知与营造 系列丛书

U0296209

解读北京城市遗址公园

彭 历 著

中国建筑工业出版社

图书在版编目（CIP）数据

解读北京城市遗址公园/彭历著. —北京：中国建筑工业出版社，
2013.6

（建筑与文化·认知与营造　系列丛书/贾东主编）

ISBN 978-7-112-15378-7

I.①解…　II.①彭…　III.①城市公园－园林设计－研究－北京市
②城市－文化遗址－研究－北京市　IV.①TU986.621②K878.3

中国版本图书馆CIP数据核字（2013）第082775号

责任编辑：唐　旭　张　华
责任校对：王雪竹　刘梦然

建筑与文化·认知与营造　系列丛书
贾东　主编

解读北京城市遗址公园

彭　历　著

*

中国建筑工业出版社出版、发行(北京西郊百万庄)
各地新华书店、建筑书店经销
北京嘉泰利德公司制版
北京建筑工业印刷厂印刷

*

开本：787×1092毫米　1/16　印张：$14\frac{3}{4}$　字数：300千字
2013年7月第一版　2013年7月第一次印刷
定价：48.00元
ISBN 978-7-112-15378-7
　　　（23438）

总　序

人做一件事情，总是跟自己的经历有很多关系。

1983 年，我考上了大学，在清华大学建筑系学习建筑学专业。

大学五年，逐步拓展了我对建筑空间与形态的认识，同时也学习了很多其他的知识。大学二年级时做的一个木头房子的设计，至今还经常令自己回味。

回想起来，在那个年代的学习，有很多所得，我感谢母校，感谢老师。而当时的建筑学学习不像现在这样，有很多具体的手工模型。我的大学五年，只做过简单的几个模型。如果大学二年级时做的那一个木头房子的设计，是以实体工作模型的方式进行，可能会更多地影响我对建筑的理解。

1988 年大学毕业以后，我到设计院工作了两年，那两年参与了很多实际建筑工程设计。而在实际建筑工程设计中，许多人关心的也是建筑的空间与形态，而设计人员落实的却是实实在在的空间界面怎么做的问题，要解决很多具体的材料及其做法，而多数解决之道就是引用标准图，通俗地说，就是"画施工图吹泡泡"。当时并没有意识到，这种"吹泡泡"的过程其实是对于建筑理解的又一个起点。

1990 年到 1993 年，我又回到了清华大学，跟随单德启先生学习。跟随先生搞的课题是广西壮族自治区融水民居改造，其主要的内容是用适宜材料代替木材。这个改进意义是巨大的，其落脚点在材料上。这时候再回味自己前两年工作实践中的很多问题，不是简单地"画施工图吹泡泡"就可以解决的。自己开始初步认识到，建筑的发展，除了文化、场所、环境等种种因素以外，更多的还是要落实到"用什么、怎么做、怎么组织"的问题。

我的硕士论文题目是《中国传统民居改建实践及系统观》。今天想来，这个题目宏大而略显宽泛，但另一方面，对于自己开始学习着去全面地而不是片面地认识建筑，其肇始意义还是很大的。我很感谢母校与先生对自己的浅薄与锐气的包容与鼓励。

硕士毕业后，我又到设计院工作了八年。这八年中，在不同的工作岗位上，对"用什么、怎么做、怎么组织"的理解又深刻了一些，包括技术层面的和综合层面的。有一些专业设计或工程实践的结果是各方面的因素加起来让人哭笑不得的结果。而从专业角度，我对于"画施工图吹泡泡"，有了更多的理解、无奈和思考。

随着年龄的增长及十年设计院实际工程设计工作中，对不同建筑实践进一步的接触和思考，我对材料的意义体会越来越深刻。"用什么、怎么做、怎么组织"的问题包含了诸多辩证的矛盾，时代与永恒、靡费与品位、个性与标准。

十多年以前，我回到大学里担任教师，同时也参与一些工程实践。在这个过程中，我也在不断地思考一个问题——建筑学类的教育的落脚点在哪里？

建筑学类的教育是很广泛的。从学科划分来看，今天的建筑学类有建筑学、城市规划、风景园林学三个一级学科。这三个一级学科平行发展，三者同源、同理、同步。它们的共同点在于，都有一个"用什么、怎么做、怎么组织"的问题，还有对这一切怎么认知的问题。

有三个方面，我也是一直在一个不断认知学习的过程中。而随着自己不断学习，越来越体会到，我们的认知也是发展变化的。

第一个方面，建筑与文化的矛盾。

作为一个经过一定学习与实践的建筑学专业教师，自己对建筑是什么、文化是什么是有一定理解的。但是，随着学习与研究的深入，越来越觉得自己的理解是不全面的。在这里暂且不谈建筑与文化是什么，只想说一下建筑与文化的矛盾。在时间上，建筑更是一种行为，而文化更是一种结果；在空间上，建筑作为一种物质存在，它更多的是一些点，文化作为一种精神习惯，它更多的是一些脉络。就所谓的"空"和"间"两个字而言，文化似乎更趋向于广袤而延绵的"空"，而建筑更趋向于具体而独特的"间"。因而，在地位上，建筑与文化的坐标体系是不对称的。正因为其不对称，却又有着这样那样的对应关系，所以建筑与文化的矛盾是一系列长久而有意义的问题。

第二个方面，营造的三个含义。

建筑其用是空间，空间界面却不是一条线，而是材料的组织体系。

建筑其用不止于空间，其文化意义在于其形态涵义，而其形态又是时间的组织体系。

对营造的第一个理解，是以材料应用为核心的一个技术体系，如营造法式、营造法则等。中国古代建筑的辉煌成就正是基于以木材为核心的营造体系的日臻完善。

对营造的第二个理解，是以传统营造为内容的研究体系，如先辈创办的中国营造学社等。

对营造的第三个理解，则是符合人的需要的、各类技术结合的体系。并不是新的快的大的就是好的。正如小的也许是好的，我们认为，慢的也许是更好的。

至此，建筑、文化、认知、营造这几个词已经全部呈现出来了。

对建筑、文化、营造这三个概念该如何认知,是建筑学类教育的一个基本命题。

第三个方面，建筑、文化、认知、营造几个词汇的多组合。

建筑、文化、认知、营造几个词汇产生很多组合，这里面也蕴含了很多互动关系。如，建筑认知、认知建筑，建筑营造、营造建筑，建筑文化、文化建筑，文化认知、认知文化，文化营造、营造文化，认知营造、营造认知，等等。

还有建筑与文化的认知，建筑与文化的营造，等等。

这些组合每一组都有一个非常丰富的含义。

经过认真的考虑，把这一套系列丛书定名为"建筑与文化·认知与营造"，它是由四个关键词组成的，在一定程度上也是一种平行、互动的关系。丛书涉及建筑类学科平台下的建筑学、城乡规划学、风景园林学三个一级学科，既有实践应用也有理论创新，基本支撑起"建筑、文化、认知、营造"这样一个营造体系的理论框架。

我本人之《中西建筑十五讲》试图以一本小书的篇幅来阐释关于建筑的脉络，试图梳理清楚建筑、文化、认知、营造的种种关联。这本书是一本线索式的书，是一个专业学习过程的小结，也是一个专业学习过程的起点，也是面对非建筑类专业学生的素质普及书。

杨绪波老师之《聚落认知与民居建筑测绘》以测绘技术为手段，对民居建筑聚落进行科学的调查和分析，进行对单体建筑的营造技术、空间构成、传统美学的学习，进而启迪对传统聚落的整体思考。

王小斌老师之《徽州民居营造》，偏重于聚落整体层面的研究，以徽州民居空间营造为对象，对传统徽州民居建筑所在的地理生态环境和人文情态语境进行叙述，对徽州民居展开了从"认知"到"文化"不同视角的研究，并结合徽州民居典型聚落与建筑空间的调研展开一些认知层面的分析。

王新征老师之《技术与今天的城市》，以城市公共空间为研究对象，对20世纪城市理论的若干重要问题进行了重新解读，并重点探讨了当代以个人计算机和互联网为特征的技术革命对城市的生活、文化、空间产生的影响，以及建筑师在这一过程中面临的问题和所起到的作用，在当代建筑和城市理论领域进行探索。

袁琳老师之《宋代城市形态和官署建筑制度研究》，关注两宋的城市和建筑群的基址规模规律和空间形态特征，展示的是建筑历史理论领域的特定时代和对象的"横断面"。

于海漪老师之《重访张謇走过的日本城市》，对中国近代实业家张謇于20世纪初访问日本城市的经历进行重新探访、整理、比较和分析，对日本近代城市建设史展开研究。

许方老师之《北京社区老年支援体系研究》以城市社会学的视角和研究方法切入研究，旨在探讨在老龄化社会背景下，社区的物质环境和服务环境如何有助于老年人的生活。

杨鑫老师之《经营自然与北欧当代景观》，以北欧当代景观设计作品为切入点，研究自然化景观设计，这也是她在地域性景观设计领域的第三本著作。

彭历老师之《解读北京城市遗址公园》，以北京城市遗址公园为研究对象，研究其园林艺术特征，分析其与城市的关系，研究其作为遗址保护展示空间和城市公共空间的社会价值。

这一套书是许多志同道合的同事，以各自专业兴趣为出发点，并在此基础上的不断实践和思考过程中，慢慢写就的。在学术上，作者之间的关系是独立的、自由的。

这一套书由北京市教育委员会人才强教等项目和北方工业大学重点项目资助，以北方工业大学建筑营造体系研究所为平台组织撰写。其中，《中西建筑十五讲》为《全国大学生文化素质教育》丛书之一。在此，对所有的关心和支持表示感谢。

我们经过探讨认为，"建筑与文化·认知与营造"系列丛书应该有这样三个特点。

第一，这一套书，它不可能是一大整套很完备的体系，因为我们能力浅薄，而那种很完备的体系可能几十本、几百本书也无法全面容纳。但是，这一套书之每一本，一定是比较专业且利于我们学生来学习的。

第二，这一套书之每一本，应该是比较集中、生动和实用的。这一套书之每一本，其对应的研究领域之总体，或许已经有其他书做过更加权威性的论述，而我们更加集中于阐述这一领域的某一分支、某一片段或某一认知方式，是生动而实用的。

第三，我们强调每一个作者对其阐述内容的理解，其脉络要清楚并有过程感。我们希望这种互动成为教师和学生之间教学相长的一种方式。

作为教师，是同学生一起不断成长的。确切地说，是老师和学生都在同学问一起成长。

如前面所讲，由于我们都仍然处在学习过程当中，书中会出现很多问题和不足，希望大家多多指正，也希望大家共同来探究一些问题，衷心地感谢大家！

贾 东

2013 年春于北方工业大学

目　录

引　言　城市文明的传承

　　遗址，作为一个城市的发展印记，是城市的历史记忆和传统文化的积淀，是人类社会文明不可或缺的物质财富。传统文化的积淀是一个民族获得持续发展和进步的动力源泉，因此现代化程度越发达，人们越是珍视本民族的历史文化财富。随着遗址价值在人们意识中的不断深化，城市遗址的保护与利用受到了越来越广泛的关注和重视。

　　中华民族是一个有着五千年悠远历史的文明古国，历史的前进、朝代的交替，给我们留下了辉煌璀璨的文明史，深厚的历史文化积淀给后人们留下了无比珍贵的物质财富和精神财富。作为人类历史信息载体的城市遗址，包含着多种复杂的意义，是传承历史文化内涵的物质实体。科学合理地保护并且利用这些遗址可以有效地延续中华民族的辉煌文明史，让子孙后代知道先人的生活及奋斗历程，这是对中华民族的发展史以及民族气韵的承载与传承。从某种意义上说，遗址的存在起到了沿承历史文脉的作用，同时揭示了城市发展的连贯性。只有了解和尊重历史，才能清醒地知道现在要做什么，才能明白未来该做什么。因此，城市遗址的保护与利用对于一个城市的发展有着极其重要的意义。

　　随着我国城市化进程的快速发展，风景园林已经渗透到了城市的各个方面。在各种形式的园林空间中，与市民日常生活结合紧密，影响显著的是城市公园这一园林空间形式。在大大小小、形式各异的公园中，有一类公园，由于其特殊的性质，得到了越来越多的关注与重视。

　　这，就是城市遗址公园。通过保护遗址本体、整治区域环境和建设相关展示设施，遗址公园不但发挥了遗址作为城市可持续发展的资源和动力的重要作用，而且推动了城市建设和人民生活质量的提高，实现社会效益、生态效益与经济效益的可持续发展，对城市文化建设，突出城市特色和保护文化多样性起到了不可替代的作用。

　　北京，一座历史悠久并因作为元、明、清三朝的都城，成为了世界瞩目的古都名城。历史为北京留下了大量的遗产，同时也对北京的现代化发展提出了新的问题。如何在保护遗址的前提下，巧妙地将其融入城市整体规划体系中使其符合城市发展要求，并且有效发挥遗址教育功能，同时满足市民日常生活功能需求，赋予其新的活力？面对这一极具挑战性和现实意义的课题，建设遗址公园是一个几全其美的方法。借助城市遗址公园这一展示平台，不仅可以满足城市绿地系统与公园体系的建设需求，同时还可促进城市文化复兴与传承、推动旅游产业发展，例如圆明园遗址公园、元大都城垣遗址公园、皇城根遗址公园、明城墙遗址公园等都是成功的案例。

区别于北京其他类型的城市公园，城市遗址公园在功能上增添了遗址保护和展示的内容，在文化上突出了历史的深度，承载着北京城的历史风貌特色和城市文脉的继承与发展，体现着与社会共进步的时代价值。

笔者认为在城市文化复兴和传承的研究和实践领域，北京是走在中国前列的，是具有导向作用的。同时，北京作为闻名世界的古都，遗址资源丰富，从20世纪80年代初期的圆明园博物馆成立到现在，北京城市遗址公园的建设经历了近30年的历程，并且在城市遗址公园建设上取得了阶段性的成果。再次审视这些遗址公园，不仅有利于提高对城市遗址的保护和关注的程度，更重要的是对北京古城遗址文化内涵的再一次解读与品味。

城市遗址公园作为北京历史文化遗产组成部分——城市遗址的载体，具有很高的人文价值、社会价值、经济价值；同时在园林艺术上具有较高的造诣。作为一名园林设计师，笔者总是对北京的这些城市遗址充满了欣赏和好奇，渴望探究其中的故事，挖掘隐藏在现今景象背后的文化根基。希望能够在寻找这些故事的过程中更加深入地认知这些城市遗址的过去与现在；希望能够展现出这些城市遗址的历史价值和文化意义；希望能够唤醒更多的人对于城市遗址的关注和重视；希望从中学习到城市遗址公园的设计和建设的方法；希望能够将其中优秀的成果推广开来；希望这些生命本已垂危的城市遗址能够在更多人的关注和保护中延续下去，为我们的后人留下这些极具价值的文化遗产，使北京城的城市文脉一代一代传承下去，绵延不绝。

本书将从风景园林专业的角度对北京城市遗址公园的产生、发展历程进行系统的梳理，探讨其产生发展的历史、文化和社会背景；解读它作为城市公园的园林艺术特征，作为遗址保护展示空间和城市公共空间的社会价值以及其作为文脉传承的公共空间的建构，以期完成一个风景园林设计师的美好愿景。

图 0-1　苍劲古朴的东便门角楼

第1章 城市遗址公园的由来

在学习和认知某一事物之初，我们最好奇的往往是"它是什么？""从何而来？"想要找到答案首先要清晰地解读出与之相关的概念。这些概念的解读对于认识这一事物，理解它的产生和发展是不可或缺的。从"城市遗址公园"这一词组的字面拆解，我们可以发现它是由"遗址"、"城市公园"、"遗址公园"这三个相关概念共同组合而成的，它们构成了城市遗址公园的全部内涵。那么，我们就从认知这三个重要的概念开始解读城市遗址公园的由来。

1.1 几个重要概念的解读

1.1.1 遗址

"遗址"是遗址公园的核心内容，随着文物保护事业的发展和旅游观光的兴盛，这一概念越来越广泛地被提及，目前对于这一概念的解释存在多种不同的诠释方式。

首先要明确的一点是遗址作为人类遗产的基本属性。遗产根据其功能属性可分为三类：一是目前其原始功能基本丧失，只是作为历史和文化的标志而存在；二是目前其原始功能虽已发生明显改变，但是还具有实际使用功能；三是时至今日其原始功能性仍被基本保留。遗址属于人类遗产的第一类属性范畴，即具有物质实体且不可移动的人类遗产。

联合国教科文组织于 1972 年 11 月 16 日在巴黎通过的《保护世界文化和自然遗产公约》中首次明确地定义出"遗址"之一概念，将其定义为：从历史学、美学、人类学角度看，具有突出普遍价值的人类工程或自然与人类联合工程以及考古地址等已被损坏，只保留下残存的实体或区域。

遗址在《现代汉语词典》中的解释是："已毁坏的具有年代较久的建筑物及其周边环境"。《辞海》中的解释是："古代人类生存生产活动中遗存下来的建筑及场所遗迹"。

此外，各国学者对于遗址的定义也不完全相同，我国学者对遗址多定义为历史上遗留下的具有较高社会文化价值和经济价值的人类活动遗迹，是社会文化、历史和文明的载体及旅游的对象。西方学者彼得·霍华德（Peter Howard）将遗址定义为历史性建筑或场所等具有实体的物质几乎已经被破坏始尽，且具有较高文化价值的遗迹。安格尔（Angkor）对遗址的解释是历史上对城市的建设、发展、艺术及景观等具有较为显著影响的遗迹。

通过以上各种定义的分析比较，我们可以发现虽然各个定义在诠释和描述中的侧重点各不相同，但主体观念和属性是一致的，即遗址是有形的物质实体，并且是不可移动的具有历史文化价值的人类活动的遗迹，是不可移动的有形的物质文化遗产。

因此，我们可以将"遗址"的定义概括为：遗址（ruins），是指历史上遗留下来的具有社会经济价值、文化价值、历史价值、美学价值，并且已被损毁的建筑物或地理区域等不可移动的且有形的人类活动遗迹。

1.1.2　城市公园

城市公园是城市遗址的环境载体，是遗址公园的母体。因此，想要认知什么是遗址公园必须要先认知什么是城市公园。

"公园"在《中国大百科全书》中的解释是：由国家机构或者社会公共团体建设，以提供休闲娱乐及观赏游憩为目的的公共园林，是城市公共绿地的一种形式。

建设部 1993 年出台的《公园设计规范》和 2002 年出台的《中华人民共和国行业标准——园林基本语标准》对公园的定义是："设置有较完善的服务设施及良好绿化条件，以向民众提供观赏、游憩、健身及开展科普教育等活动为目的的公共绿地"。

2002 年颁布的《北京市公园条例》定义公园为："行政区域内拥有良好园林环境及较完善的设施，具有美化城市、改善生态、休憩娱乐、游览观赏和防灾避险等功能，且向公众开放的场所"，这个定义涵盖内容较为全面，已纳入生态及防灾避险的观念。

综合以上的各种定义，我们可以将公园理解成为公众提供自由活动空间，以绿地为主，并且具有休闲、娱乐、教育和防灾避险等功能的场所。公园是城市绿地系统的重要组成部分，对保护环境、美化城市及丰富市民生活都有积极的意义。

1.1.3　遗址公园

遗址公园是在公园的概念上加了一个特定概念，即将遗址和公园相结合，以遗址为核心，依托城市绿地而建成的公园，起到了突出城市特色、传承城市文脉、丰富公共活动空间的作用。遗址公园是在遗址环境的基础上，利用公园的形式对空间进行合理安排，是遗址保护和展示的方式之一。到目前为止仍没有关于遗址公园的权威性定义，各学者从自身研究角度出发结合自我理解提出过一系列关于遗址公园的定义：

刘思跃在《广州新石器遗址公园》（2005）研究中定义遗址公园为主题公园的一种形式，它具有较强的专属性、文化溯源性、地域性、生态性，并有机地融入到现代社会之中，并成为城市肌体的一部分。

陈圣泓在《工业遗址公园》（2008）研究中认为遗址公园是指通过保留、保护、改造具有较高历史价值、艺术价值、学术价值等显著价值的遗迹基址而成的公园。由于遗址的不可再生性和独一无二性，因此遗址公园的重点是"基址"的保护保存，特别强调的是生态和遗址价值的有机结合。

王语萌在《金沙遗址公园景观设计研究》（2005）中，提出遗址公园是一种新式的遗址保护平台，是近些年兴起的集遗址保护和遗址展示于一体的公共开放空间。

通过比较分析以上各种定义并结合城市公园的定义，我们可以将遗址公园诠释为将遗址保护和公园建设相结合，使"遗址"这一不可再生的资源作为公园规划设计中的核心，以原真性和完整性原则为指导，通过运用保护、修复、展示等手法，重新整合现有遗址资源，将已被发掘或未被发掘的遗址完好地保留在公园用地范围内的公共空间形式。与传统的遗址博物馆相比，其重点不单是保护遗址本身，同时强调对遗址的生存环境的整体性保护。在保护遗址的同时，发挥城市绿地和旅游功能，提升城市整体形象，将特定的历史文化融入公众教育、专项科研、观光、娱乐等功能中的综合性公园类型，是城市绿地系统的重要组成部分。

1.1.4　城市遗址公园

在理解了"遗址"、"城市公园"、"遗址公园"这三个基本概念后，我们可以整合概括出城市遗址公园是指依托处于城市当前建设区域或城市规划建设区域范围内的遗址而建设的城市公园。

这一类型的遗址具有两个明显的特征：一是与城市的发展建设有着密切的关系，会对城市居民的生活产生直接的影响。二是保护难度较高，原因在于受人类活动干扰较大，主要包括其周边较高的人口密度和高密度的建设行为。如北京圆明园遗址公园、北京明城墙遗址公园、北京元大都遗址公园、西安唐城墙遗址公园、南京明城墙遗址等（图1-1~图1-4）。这些城市遗址都处于城市建设范围内，周边的建设密度很高，交通压力也很大，极易对遗址以及遗址保护区域产生破坏性的影响。因而，城市遗址公园应以更好地解决城市中的遗址保护问题为出发点，在有效保护遗址及其周边环境的基础上结合公共空间及公共绿地的理念进行建设，可以缓解高密度城市建设对城市遗址保护所产生的压力，同时可以更好地满足公众休闲游憩的需求。

图1-1　北京明城墙遗址周边环境

图1-2　北京元大都城垣遗址周边环境

图 1-3　西安唐城墙遗址周边环境

图 1-4　南京明城墙遗址周边环境

1.2 遗址的保护与利用

1.2.1 遗址保护观念的形成

遗址保护的概念产生于16世纪的欧洲，是随着文物建筑和纪念性建筑的保护与修复活动而逐渐形成的。在欧洲，自18世纪工业革命以后，由于专注于生产的发展，而忽视了古建筑及历史环境的保护，加上两次世界大战的摧残，大量的古建筑被严重破坏。在这种时代背景下，即便是有实际功用的古建筑都不能得到妥善的保护与利用，对于完全不具有使用价值的建筑遗址就更不会有什么保护措施了。19世纪末期，随着人们对遗址价值认识的深化，在文物建筑保护与修复逐渐成熟的基础上，遗址的保护与利用才真正开始被重视并逐渐地系统化、科学化。

第二次世界大战结束后，国际上对于遗址的重视和保护的观念逐步形成共识，有关遗址保护的活动日益活跃，相继颁布了《雅典宪章》（1933）、《威尼斯宪章》（1964）、《国际古迹保护与修复宪章》（1964）、《保护世界文化和自然遗产公约》（1972）、《佛罗伦萨宪章》（1982，作为《威尼斯宪章》的附件）、《华盛顿宪章》（1987）、《考古遗产保护与管理宪章》（1990）等保护宪章和公约。这些国际公约和宣言所涵盖的内容从起初的遗址单体保护逐渐扩展到遗址及其所处的历史环境的区域整体保护，为城市遗址的保护与利用以及遗址公园的出现奠定了基础。其中的三个宪章，在国际文化遗产保护领域起到了划时代的意义（表1-1）。

遗址保护的三个重要国际宪章　　　　　　　　　　表1-1

宪章名称	颁布组织	颁布时间和地点	核心内容
《雅典宪章》	国际现代建筑协会	1933年，雅典	首次提出"保护有历史价值的建筑和地区"的概念
《威尼斯宪章》	第二届历史古迹建筑师及技师国际会议	1964年，威尼斯	第一部关于古迹保护与修复的宪章，强调了古迹（包括遗址）的保护与修复
《华盛顿宪章》	国际古迹理事会全体大会第八届会议	1987年，华盛顿	提出了历史城区、历史地段等新概念

在一百多年的不断积累与发展过程中，欧洲发达国家形成了比较成熟的遗址区保护与发展的流派与模式。

主要流派

在欧洲，遗址遗迹的保护原则和方法因国度不同而产生明显的差别，原因在于文化渊源不同。100多年来，在欧洲形成了很多不同的流派，其影响至今存在。

其中影响最大的是法国派、英国派和意大利派等三个主要流派。

法国派和英国派形成于19世纪中上叶，属于早期的保护派系，它们的思想体系不够完善，都属于片面性的保护思想体系。法国派对遗址遗迹采取了完全的"整体修复"的原则，其代表人物是著名建筑师维奥勒·勒·杜克。而英国派则完全与法国派的思想体系相悖，该派别拒绝将新技术、新方法应用于遗址保护工作中；主张全力保护现状，争取延长古建筑寿命，直到最后它们化为灰尘。值得肯定的是，英国派意识到了遗址遗迹的不可再现性，坚持了保护遗址原真性的原则，与法国派相比是有一定进步意义的思想体系，其代表人物有建筑理论家拉斯金和莫里斯。

19世纪末叶，意大利派逐渐形成，该派别与前面两大派别相比已经形成了比较客观全面的思想理论体系，其代表人物是波依多，后人布朗迪在其研究基础上进一步发展了该理论。从他们开始，遗址遗迹真正地被当做文物看待，遗址遗迹的意义得到了比较全面的分析。其基本观点总结如下：

①遗址遗迹具有多方面的价值，它不只是一件艺术品，更是文化史和社会史的活见证。因此，其艺术或风格的完整统一与其所携带的全部历史信息必须得到同样的重视。

②在维修遗址遗迹时，凡是其存在过程中所具有的历史痕迹，无论是天然的还是人工的，都必须得到尊重，因为它们都是遗址生命的积极因素，都是其真实性的重要部分。同样，残缺的部分，也不可以轻率修补，因为残缺也是其原真性的一部分。因此，除非绝对必要，只加固而不修理，只修理而不修复。要尽可能少地动手脚。

③因为加固或者其他绝对的必要，一定要在遗址上增加点什么的时候，增加部分必须使用和原有部分不同的材料，必须和原有部分有显著不同，避免真假不分、以假乱真。以保持遗址的历史可续性。同时，增加上去的内容必须是可去除而不对保护部分造成破坏的。

④要保护遗址遗迹的环境，不要切断遗址遗迹跟它所在环境的联系。

⑤在维修遗址遗迹之前，必须获得经过历史的和考古的研究而得出的确凿证据，决不能单凭主观臆想而妄加推论。对全部研究及工作的过程要有详尽的记录，并建立档案。

意大利派的先进性在于吸收了法国派和英国派的合理部分，摒弃了他们的错误和缺点，形成了独立的、较成熟的理论体系。因此逐渐得到欧洲遗址保护学界的认同，1964年颁布的《威尼斯宪章》的基本内容来自于意大利学派的主张。从世界遗址保护学术的整体来看，《威尼斯宪章》的权威性在不断扩大，因为它代表着遗址保护的科学化。

纵观国外在遗址保护领域的成就可以发现，在英国、法国、意大利等欧洲发达国家，不仅形成了专门针对遗址遗迹保护的科学思想体系及符合国情的保护模式，还出台了许多法规条例，并且在财政方面给予大力支持。在亚洲，遗址保护工作的领军国度应属日本，早在1897年日本就颁布了《古代神社及佛寺保护法》，之后又陆续出台了《国宝保护法》、《建筑古迹保护法》、《风景地区保护法》等法律。1966年颁布的《古都保存法》、1996年颁布的《部分修正文物保护法之法律》以及各类作为补充的保护条例与措施对现在日本遗址保护工作的开展起到了保障和推动作用，这些都极具学习借鉴价值。由于国情的不同和遗址类型的差异较大，我国遗址保护工作的开展要从我国国情出发，不可照搬国外已经成型的保护理论和模式，须在学习的基础上探寻自己的出路。

虽然我国的遗址保护工作起步较晚，于20世纪90年代后期才开始（1982年出台的《历史文化名城保护制度》是我国遗址保护工作正式启动的标志），但非常重视制定遗址的保护原则、开发原则和保护规划，相继出台了具有重要影响力的相关文件、宣言、政策法规和保护准则（表1-2），其中于2007年5月28日在北京正式颁布的《北京文件》是由中国政府部门与国际相关权威机构有史以来第一次共同制定的关于文化遗产保护的国际性文件，该文件进一步确立了我国在文化遗产保护领域的国际地位。这些都为中国文化遗产保护工作的开展提供了强大的推动力和实施依据，因此作为文化遗产保护工程重要内容之一的"古遗址保护"获得了前所未有的重视和发展。

我国关于文化遗产保护的法规事件大事记   表1-2

时间	文件与事件
1982年	第一版《中华人民共和国文物保护法》颁布，首次提出"历史文化名城"的概念。从此我国的文物保护活动获得了法律依据和保障，开始真正进入科学、正规和有序的轨道。随后出台了《历史文化名城保护制度》，标志着我国遗址保护工作正式启动
1985年	我国正式成为《世界遗产公约》缔约国之一，保护文化遗产的理论和方法逐步与国际接轨，遗址保护观念较改革开放初期已有明显进步。同年北京成立圆明园展览馆，开始修复团河行宫遗址
1986年	随着第二批国家历史文化名城名单的公布，提出了"历史文化保护区"这一概念，促进了遗址区域环境的保护和改造，开始从遗址本体保护向区域保护过渡
1991年	人大常委会修改和补充了《中华人民共和国文物保护法》，使其条文内容更加翔实、明晰
1992年	出台了《中华人民共和国文物保护法实施细则》
1993年	建设部与国家文物局共同起草了《历史文化名城保护条例》
2000年	我国出台了《中国文物古迹保护准则》，该准则从保护程序、保护原则、保护工程三个方面为文物遗址的保护提供了标准，完善了我国的文物保护体系，使各项文物保护工作的实施有了更专业的依据

时间	文件与事件
2002 年	经第九届全国人大常务委员会修订通过的《中华人民共和国文物保护法》公布施行，这是自 1982 年《中华人民共和国文物保护法》颁布后，根据 20 年来中国文物保护工作的发展状况，对原文物保护法进行的全面修改、补充和完善，意义重大。掀起了北京新一轮遗址公园建设的热潮，元大都城垣、皇城根、明城墙等一系列遗址公园相继建成开放
2005 年、2006 年	随着国务院《关于加强文化遗产保护的通知》在 2005 年 12 月的发布，中国第一个"文化遗产日"于 2006 年的 6 月 10 日诞生了，"保护文化遗产，守护精神家园"被定其为其主题。此后每年 6 月的第二个星期六成为了中国的文化遗产日
2007 年	5 月 28 日文化遗产保护领域重要的国际文件《北京文件——关于东亚地区文物建筑保护与修复》（简称《北京文件》）（英文版）在北京正式诞生。这是有史以来第一次由中国政府主管部门和相关国际权威机构组织共同制定的文化遗产保护的国际文件，这将进一步确立中国在国际文化遗产保护领域的地位
2009 年	全国两会在《关于支持大型考古遗址公园建设的提案》中强调，面对城市规模持续扩大、大型基础设施建设，特别是遗址的保护与城市开发建设、区域经济发展的矛盾日趋严重，多数遗址已经遭到了不同程度的侵占和破坏，形势十分严峻和紧迫。协调城市发展与遗址保护已是刻不容缓

1.2.2　遗址类型

遗址的类型根据不同的标准有不同的分类方式，依据遗址的构建材料可分为石构类、木构类、砂土类、竹构类等。依据其功能和内容可分为事件类、城市类、陵寝类、建筑类、水利类、园林类、工业类等。依据其在历史环境中的存在方式，可将其分类为要素性遗址和结构性遗址，与前两种分类相比，这是一种抽象化的分类方式。

（1）要素性遗址

建筑遗址属于典型的要素性遗址，它是构成遗址空间的主要基础，大多建造于不同的历史时期，通过其自身逐渐地变化演绎过程将遗址空间的历史进程体现出来，是具有变化性和可代替性的遗址类型，具有系统化、模式化的特点。其类型有四种：第一类是对巩固统治地位和体现文化传统起着不可替代的作用的政权和社会礼制类建筑；第二类是作为城市的环境背景而存在的与百姓生活息息相关的市井类建筑；第三类是御敌建筑，是冷兵器时代城池的安全保障系统，主要是指城门和城楼等在冷兵器时代用于御敌防护的建筑，是古代城池的重要安保防御系统；第四类是宗教建筑和祭祀建筑。唐代大明宫遗址就属于典型的要素性遗址，这些要素性遗址反映出关于建筑营造的制度在我国古代就已形成较为完善的体系（图 1-5）。

图1-5　唐大明宫含元殿遗址

（2）结构性遗址

　　结构性遗址是指遗址环境中的山形水系、空间格局、墙体、肌理、轴线等环境要素，这些结构性遗址是遗址环境中遗存时间最长的内容。原因在于这些环境因素具有较少发生突然变更或深层次的频繁变化的特点，具有较高稳定性。比如圆明园遗址公园中凤麟洲等遗址景区，原本的建筑等构筑要素已经完全损毁消失，剩下的只有散落地面的碎石残垣，但是原本的山形水系依旧清晰可见，驻足观望依稀可以想象到盛世辉煌的美好景象（图1-6）。

图1-6　圆明园凤麟洲遗址景区

1.2.3　遗址的保护原则及利用方式

1.2.3.1　保护原则

（1）原真性原则

原真性，其英文（authenticity）本义是指原始的、真正的、神圣的、忠实的，而非复制的、假造的、亵渎的、虚伪的物质属性含义。原真性在中世纪的欧洲最初被用于描述宗教遗物和宗教经本的绝对真实性，这一说法于 19 世纪 60 年代才被引入遗产保护领域。在国际上，原真性原则被认为是文化遗产保护、评估和监控的最基本原则。时至今日其所包含的内容早已超出了其原始的内涵。

1964 年颁布的《威尼斯宪章》其核心理念是"将历史文化遗产真实地、完整地传承下去是人类共同的责任"；其核心内容就是保护历史古迹的原真性，并围绕这一主题展开其全部内同，提出了具体的保护措施，如"第五条，不可避免而增添的部分必须与原来的建筑外观能够明显区别开来，并且要看得出是现代的东西，防止增添部分使原有的艺术以及历史见证丧失真实性"；"第六条，使用时绝不可变动它的平面布局及装饰"；"第七条，文物建筑不可从它所见证的历史以及它所在的环境中分离开来"；"第九条，凡是改变体形关系与颜色关系的新建、变动或拆除都决不允许"等内容是对原真性的最好阐释。也正是由于该宪章的颁布奠定了原真性原则在国际遗产保护领域的主导地位。

（2）完整性原则

完整性（integrity）主要被用于对文化遗产的评价中，可释意为尚未被人扰动过的原初状态。这一原则涵盖了遗址本体、与其密切相关的周边环境空间以及其所包含和代表的历史文化信息等元素的完整，为遗址的保护划定了范围。在某种意义上是对原真性原则的补充。

（3）原真性与完整性的比较

原真性、完整性是遗址保护和利用的基本原则。二者差异性在于：原真性主要体现对历史的忠实程度；完整性则要求遗址以完好、安全的状态体现其价值。两者虽有区别，但相辅相成不可分割，遗址的原真性是完整性的基础，若遗址失去了原真性也就丧失了存在的价值；而原真性也要以完整性为支撑，若遗址只保留了很小一部分，其原真性必然会相对减弱。这两大原则是遗址保护中不可分割的最基本最重要的原则。

1.2.3.2　保护与利用方式

由于不同遗址本体间存在着很大的差异性，具有不同的特点，因此其展示利用方法也要因地制宜，具体问题具体分析，绝不可一概而论。

在欧洲，由于受到意大利派这一比较成熟全面的遗址保护思想体系的影响，逐渐形成了两大保护模式。

①意大利模式。意大利在文化遗产的数量及文化遗产保护的理念、方法等方

面，都走在了世界的前列，并且形成了特色化的保护与利用模式——"意大利模式"。其操作模式是由国家机关部门负责文化遗产的保护，遗产资源的经营管理交由私人或企业操作。将遗产的保护与利用有机结合，以保护好遗址为前提，充分发挥其社会、经济、文化等价值。

②埃及模式。是指由国家最高文物委员会依据法规筹建股份公司，对文化遗产进行公司各行其责的保护、开发、利用模式。依据职责不同，其子公司分可为三类：第一类主要负责文物遗产的日常清洁、维护与安全问题；第二类用以负责文物遗产的修复、经营、旅游设施建设的总体监督；第三类负责提供相关的技术和咨询服务工作。

这两种模式的共同点是将遗址与居民进行空间上的分隔，依托遗址资源发展产业，对周边居民的就业以及区域经济发展都起到了积极的作用。

在亚洲，日本对于古代都城遗址的保护走在了前列，形成了独具特色的保护模式。遗址公园的保护利用模式主要用于没有被现代城市建设叠压的区域，力求保护和展示遗址的原始风貌；在被现代城市建设叠压的区域，主要采用区域保护与城市规划建设协调共进、复原设计的模式。这种保护与利用协调共进的模式，不仅保护了遗址，同时发掘了新的旅游资源，成为城市旅游业飞速发展的持久动力。

我国对遗址的保护利用方式主要有公共开放空间、城市景观和原野景观、整体封闭式的参观场所、遗址博物馆、局部遗迹保护展示这五种方式。

（1）公共开放空间

这一保护利用方式主要是通过历史文化公园、遗址公园、广场等公共开放空间载体对遗址进行保护和利用，例如北京圆明园遗址公园，以及西安的华清池、钟鼓楼广场等都是通过合理的规划建设对遗址进行有效的保护与利用的公共开放空间（图1-7～图1-9）。

图1-7 圆明园遗址公园鉴碧亭遗址景区

图 1-8　西安华清池

图 1-9　西安钟鼓楼广场

（2）城市景观和原野景观

多用于规模宏大的地表可见遗址，如北京元大都城垣遗址公园、北京明城墙遗址公园、长城等均属这一模式（图1-10~图1-12）。

图1-10 北京明城墙遗址公园

图1-11 北京元大都城垣遗址公园

图 1-12　慕田峪长城遗址

（3）整体封闭式的参观场所

这类参观场所中的遗址一般地表遗址明显，其核心部分的遗址被遗址残体分隔为多个独立的封闭单元，面积不会很大，维持了遗址区域的原始风貌。如交河故城、古格王国都城、高昌故城等都已经建设成为遗址参观场所（图 1-13）。

图 1-13　交河故城遗址

（4）遗址博物馆

主要是指依托遗址而成立的专题博物馆，是最原始、最常见的一种方法，被展示的遗址脱离了其原有功能，只是作为参观游览的对象。如西安半坡博物馆、河姆渡遗址博物馆等对几万平方米的遗址做到了保护与展示（图1-14、图1-15）。

图1-14　西安半坡遗址博物馆

图1-15　河姆渡遗址博物馆

（5）局部遗迹保护展示

目前这类保护方式主要是针对局部现状加固、遗迹修复、遗址重建等，如皇城根遗址公园、菖蒲河遗址公园、团河行宫遗址（图 1-16、图 1-17）。

图 1-16　皇城根遗址公园中的明皇城东安门遗址

图 1-17　菖蒲河遗址公园复建的河道

类型不同的遗址所需要的保护力度不同，原因在于其现存状况及价值水平具有差异，因此要依据遗址所处城市的发展方向、具体区位和遗址本体的实际情况来决定应该采取何种保护利用模式。

1.3　城市遗址公园的出现

从16世纪遗址保护观念的产生到现在已经过去了5个世纪，随着对遗产保护研究的深入和推广，对于遗址的分类和保护利用越来越细化，形式越来越多样化。其中，遗址公园这一模式得到了广泛的关注和推广，主要在于其城市公园的属性，使其具有更高的综合价值，不仅在功能上满足了对于遗址及其环境的保护和展示的功能，而且符合城市发展过程中对公共休闲空间需求快速增长的要求，将城市公园的内涵和功能进一步地扩大化了。可以说，中国近代城市公园的兴起与发展是城市遗址公园得以诞生的先决条件。

1.3.1　中国城市公园的兴起与发展

我国"公园"是在资本主义入侵背景下产生的。我国城市公园兴起的前提是西方殖民者的生活方式及其文化的融入，但当时推动公园快速发展的真正潜在动力是辛亥革命中所提倡的平等、博爱、天下为公等民主思想。1949年前，我国城市公园发展较为缓慢，规划设计基本处于模仿阶段。直至改革开放以后，随着政治、经济、文化的飞速发展，城市公园才获得了真正的自我发展，从形式到内容都有了长足的进步。

1.3.1.1　近代城市公园兴起的原因

在社会经济相对落后的半封建半殖民地时期的中国城市背景下，向早期现代化城市的过渡，促使了近代城市公园兴起，综合而论，以下三个层面的影响，对我国现代公园的兴起具有启发与示范的作用。

（1）西方公园文化的冲击

凭借强大的优势控制力，西方列强在强占而来的殖民土地上，不只将来自母国的城市建设移植过来，亦将文化景观引入了当时的中国。

逛公园是19世纪西方人生活的重要组成部分，到国外或城郊旅游更是重要的娱乐休闲活动。殖民者在租界地建设的欧式公园和各式新兴的运动场所，在满足了殖民者异地休闲活动需求的同时，也将西方的休闲设施及休闲文化引入了中国，启发了中国民众的休闲意识。中国人的歌乐、弈棋等传统活动与西方人的赛马、球类等休闲活动并存，甚至带动了不同流行风潮的兴起，包括"逛公园"这项当时被公认的时尚休闲活动。

（2）新兴城市公共空间的需求

旧中国的城市缺乏公共空间，各个公园的建立与开放，代表着新型城市公共空间的产生。人们怀着新奇的心情来此观看，体现出"公园经验"是一种全新的民众感受。有识之士普遍认为公园是"有利于社会、心理和物质三方面的建设，能增进民众自利利他之观念，有助于减少罪恶、维持秩序、预防灾害、保全健康、普及社会教育、提高土地价值、调剂都市功利主义"等社会功效。因此，公园成为当时社会备受关注和追捧的新兴公共空间。

（3）满足政府教化和民众社交场所需求的必然

公园在近代中国社会中，被政府应用为教化民众的场所，例如借助展览馆、剧院、阅读室等向民众宣扬新文化的美好；又通过碑亭、雕塑、影壁等媒介来鼓舞民心、教化大众。期望借助这些简单易懂的形式扫除文盲及社会不良风气，并引入体育健身设施，鼓励民众养成运动的习惯。

"市民的实践才能使公共空间显示出真正的价值。近代城市公园休闲设施是以休憩型、运动型为主，形成了茶座社交、公众集会、游园赏景、儿童游戏以及成人运动俱乐部等，都成为当时民众的休闲文化特色。尤以北京城市公园中的游园文化和茶座文化最为兴盛，蔚为风尚，是高尚的社会身份的标示"。换言之，"公园休闲"已成为当时标志社会地位和身份的等级符号，不同的社会阶级具有不同的休闲文化，在不同的休闲场所进行交往，公园成为近代国人休闲活动的重要场所。

1.3.1.2　近代城市公园的发展

中国近代城市公园的产生是受西方殖民文化影响的产物。这些公园最早出现在公共租界，而后扩大到华界。中国最早的城市公园是英美租界工部局于1868年在上海建成开放的"外滩公园"，当时称之为"公家花园"。自1903年留学日本的学生在《浙江潮》上对日本公园进行公开介绍后，从《大公报》报道南京的公园建设开始"公园"一词被正式普及使用，逐步代替了"公家花园"成为了专属名词。

除了租界公园与殖民地城市公园之外，在清末也出现了一批由中国人自建的城市公园。如1897年在齐齐哈尔建成的仓西龙沙公园、1906年无锡市建设的城中公园。这些公园多为地方政府所建，少数靠乡绅集资筹建。

由传统专属活动空间转化而成的公园拓展了中国公园所涵盖的空间范围，例如皇家园林、皇宫陵寝、官署衙门、私家花园、私人住宅等过去普通百姓无法接近的专属空间被改造成为公园，以供民众游览使用。这是近代中国社会走向开放和新政府上台共同作用的结果。早在19世纪80年代，上海作为中国最为开放的城市，已有不少私属园林免费向社会公众开放，如徐园、张园、西园、愚园等。

中华民国成立后，新政府为了新市政的发展以及公共旅游娱乐空间的扩大，所以直接或改造后开放了前朝遗留的皇宫、部分官署、官员花园等，这一举措不仅使公众感受到新政府的亲民政策，而且节约了市政公用事业经费，同时这些原本是民众的禁区或私密性极高的区域特性很好地满足了旅游者的猎奇心理。北京政府内政部长朱启钤于1914年提出开放京徽名胜，以求"与民同乐"的号召，将原本国家祭典所用的社稷坛和先农坛先后改造成为为中央公园和先农坛公园，并于民国初年面向公众开放，之后地坛（改为京兆公园）、故宫、天坛、颐和园、北海等相继开放（图1-18～图1-21）。在新中国成立（1949年）之前，虽然公园的总数较少、公园环境不尽理想，但是已经形成了一系列混杂中西风格的城市公园，并形成了适合我国民众的游园活动，具备了较为完善的公园设施，如茶馆、棋牌室、动植物展览、照相馆、展览厅、运动场等。

新中国成立后，尤其是改革开放以后，我国的公园建设有了长足的发展，更好地满足了广大人民群众对文化休闲活动的需求，原因在于经济的快速发展及高度重视城市公共绿地建设的政策方针。全国各个城市新建、改建和扩建了大量的

图1-18　遥望雄伟的故宫博物院

图 1-19　天坛祈年殿

图 1-20　颐和园万寿山

图 1-21　北海公园

公园，已经成为广大人民群众文化娱乐、游憩、锻炼身体、社交、开展文化教育活动及获取自然信息的重要场所。公园的类型也逐渐丰富，既有满足公众多种需求的综合公园，也有主题专一的特色公园，如植物园、儿童公园、动物园、名胜古迹公园、体育公园、文化公园、纪念性公园、森林公园、科技公园等，还有其他形式各异的园林绿地，如滨水绿带、社区公园、街头小游园等。并于 20 世纪 80 年代开始出现以"遗址"为核心的城市公园，其标志性事件是北京 1985 年成立的"圆明园展览馆"（后辟为遗址公园）（图 1-22）。

现在由于经济的高速发展、旅游观念的变化，以及城市建设和人民生活水平的不断提高，我国的城市公园从数量到质量都有了质的飞跃，公园的内容和设施也在不断充实和提高，出现了大量的主题性公园，其中就包括大量出现的"城市遗址公园"。

1.3.2　我国城市遗址公园的产生

城市遗址公园兴起于 20 世纪 70 年代的日本。日本的现代化进程使很多文物古迹及其环境受到了严重的威胁，这种高强度的现代化建设对日本历史遗迹产生了破坏性的影响，严酷的现实为日本人敲响了保护历史文明的警钟。因此，日本提出了"遗址公园"这一保护模式，这一模式既保护了日本的历史文化信息又避免了传统保护模式中容易出现"保护性破坏"的现象。其主要目的是在使遗产得到良好保护的前提下，适当地恢复古人类生存环境中的典型案例，满足民众渴望回归自然的强烈愿望。为此，日本在政府的大力支持下进行了卓有成效的探索及实践，建设出一批优秀的城市遗址公园，如广岛和平纪念公园和奈良遗址公园，获得了良好的效果，在国际上引起了广泛的关注，带动了遗址公园在各国的发展。

我国的城市遗址公园建设已经历多年的实践。在北京，国务院于 1983 年出台的《北京城市建设总体规划》就将圆明园确立为重点保护遗址区，并于 1985 年成立了圆明园展览馆，1988 年圆明园遗址公园正式向社会开放。1985 年，北京大兴区开始建设团河行宫遗址公园。此后又相继建成了元大都城垣遗址公园、皇城根遗址公园、明城墙遗址公园等。其他城市在北京的带动性影响下也根据各自城市遗址的特点及保护的需要，陆续建成了一系列各具特色的城市遗址公园，如前文提到的唐城墙遗址公园、唐大明宫遗址公园、洛阳隋唐城遗址公园等。

时至今日，我国"城市遗址公园"的实践取得了阶段性成果。这些公园通过将遗址保护展示和生态环境保护相结合以及妥善保存并加以展示遗址周边的历史文化环境，展现出极强的历史性和观赏性。使观者有所观看、有所感悟、有所体验、有所领悟，达到重温历史、增长见识和荡涤心灵的目的。

总的来说，城市遗址公园的兴起是在遗址博物馆和城市公园概念外延不断扩大及完善过程中产生的，从博物馆对遗址单纯的物理保护转化为以历史观、生态观的态度对待遗址及其背后所蕴含的文化价值、历史价值等，从而产生了更广义、

图1-22　圆明园遗址公园的湖光山色

更多元的保护形式，并借助城市公园的形态从空间和时间上对遗址整体采取的一种广义的保护形式。

1.4　小结

　　华夏文明，历史悠久，源远流长，祖先留下了许多宝贵文化遗产。可是，近年来我国城市中的大量遗址面临着城市化进程加速、城市规模扩张、不科学不合理利用、生态环境恶化等因素带来的巨大威胁，遗址的保护和展示困难重重。遗址公园模式的出现为城市遗址的保护和展示提供了新的平台。城市遗址公园，作为城市公园体系中的一部分，是随着城市公园的发展和遗址保护与利用的发展而逐渐形成的独具特色的公园模式，既不同于一般意义的遗址博物馆，也有别于通常的城市公园，它同时具备了遗址保护功能、科学展示功能、满足公众文化休闲活动需要的功能。城市遗址公园是遗址公园大体系中的一类，其核心景观——遗址本体多位于现代城市中并且包含在现代城市发展建设范围内。因此，它与城市的关系更加密切，具备了三个方面的基本内容：遗址本体保护区、遗址保护展示的项目和提供城市文化休闲的场所，成为公众生活的一部分，为公众提供了怀古思今、休闲游憩以及爱国主义教育等功能的生态场所。

第2章 北京城市遗址公园的历史沿革

北京城市遗址公园所涵盖的遗址区域主要分布在北京城古都城或行宫别院内（图2-1），是古都城的重要组成部分，与古都城的兴衰有着密切的联系。因此，北京城的历史沿革与城市格局变迁正是这些遗址公园中遗址本体的历史根基。

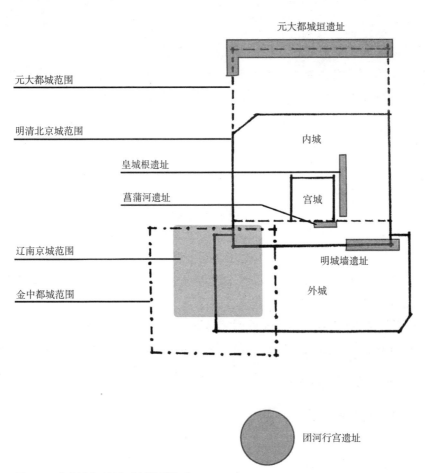

图2-1 北京城市遗址与古城位置关系

2.1　京城格局的变迁

2.1.1　古都城格局的雏形

　　根据史学界的考证，北京建城历史已有 3050 多年。早在公元前 11 世纪中叶，周武王灭商，封帝尧之后于"蓟"。西周时期，燕国和蓟国是北方两个诸侯国，燕的都城在今房山区琉璃河镇以北的刘李店、董家林一带。蓟的都城经推断大致在今广安门一带。到了东周时期，燕国吞并了蓟国，并迁都于蓟。自秦灭燕后，城址均在今莲花池到广安门内外，原因在于该处水源充足。按照大量城内水井的遗址来判断，从战国至唐、辽、金始，这里已成为几个朝代的都城，已经初步形成了都城格局的雏形。今天的北京城就是在蓟城的基础上发展起来的，在 1995 年时确定北京建城历史 3040 年。

2.1.2　古都城格局的初成

　　（1）辽南京城

　　契丹统治者吞并燕云十六州后，于 947 年建国号为大辽。在辽朝五京中，燕京规模最大，城中街道笔直齐整，共分二十六个坊。"南京城周长 26 里建有高三丈，宽一丈五的城垣，有 8 个城门"。店铺和市集集中在六街和北市。辽的都城旧址在现在的外城西北部（图 2-2），现在宣武门外老墙根就是辽城的北面。那是一块长方形的城垣，南北较短，东西较长，面积和现在的南城差不多，每面各开两个城门：东边是东安门和迎春门，西边是清普门和显西门，南边是丹凤门和开阳门，北边是通天门和拱辰门。

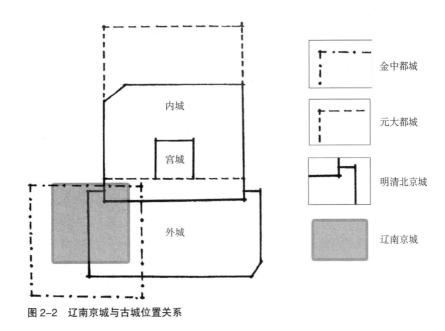

图 2-2　辽南京城与古城位置关系

（2）金中都城

1115年，女真族建立金国，金王朝迁都辽南京，颁布《议迁都燕京诏》，并派遣张浩、孔彦舟等人负责规划建设南京。1153年金王朝在北京建立了金中都，使北京在历史上第一次正式成为一个王朝的都城，至今已有850多年历史。它以辽城作为宫城，增开12个城门，东边为阳春门、施仁门、宣曜门，南面是景风门、端礼门、丰宣门，西面是丽泽门、灏华门、彰义门，北面是会城门、通玄门、崇智门、光泰门，规模雄伟。中都的豪华宫殿有36座，城内设有26个坊。中心部分的宫城，前有广场、千步廊，两侧为官署，西南为园林、寺观，东北为商业区，城占地约22平方公里，既继承了唐幽州和辽南京的城市建制，又汲取了宋汴梁城的格局，建筑豪华绮丽（图2-3）。中都宫殿毁于成吉思汗攻陷燕京之时。残毁的金代宫殿遗址，明代初年犹存，嘉靖（1554年）筑外城后，遗址渐渐湮灭。蒙古得燕后，初称燕京路，总管大兴府。

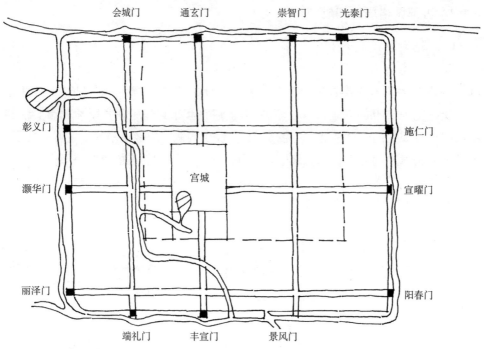

图2-3 金中都平面图

2.1.3 古都城格局的形成

（1）元大都城

元大都始建于1267年，忽必烈进入北京时，金代的皇宫早已荡然无存。他决定在辽金城的东北方建立一座新都城（图2-2），以位于今天北海琼华岛的金代行宫大宁宫为中心建立新的都城，并命设计师刘秉忠主持规划，1276年大都城建成。

宫城位于全城南部中央地位，元大都城中轴线奠定了北京旧城中轴线的位置，今天的元大都城垣遗址的本体正是在这时形成的（图 2-4）。据《析津志》载，元大都街制，自南至北谓之经，自东至西谓之纬。元大都街道宽度为大街宽 24 步（40 米），小街宽 12 步（18 米），胡同宽 6 步（9 米）（元时一步为 5 尺，每尺合 0.308 米，一步合 1.54 米）。元大都城城内的大街到它两侧第一条胡同的间距较大，为 70 步，是为了沿大街两旁修建衙署、豪宅与商业店铺之需（图 2-5）。

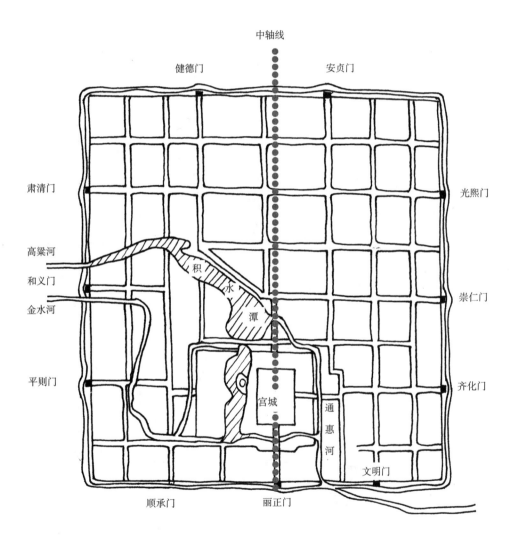

图 2-4　元大都城平面图

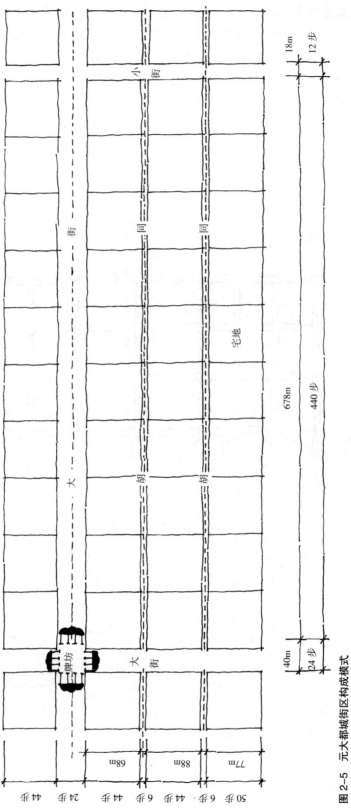

图2-5 元大都城街区构成模式

元大都水系有两类，一为漕运，一为宫苑用水。郭守敬主持水利规划找到了元大都城的水源"白浮泉"，沟通了南北运河，使大批运粮船通过大运河直接驶入积水潭，再向南入通惠河。宫苑用水则引自玉泉山水，经和义门（今西直门）南水关入宫城中（图 2-6）。郭守敬还在大都城兴建了天文台，后经明清时期改造，成为观象台，至今仍矗立在建国门南侧（图 2-7）。

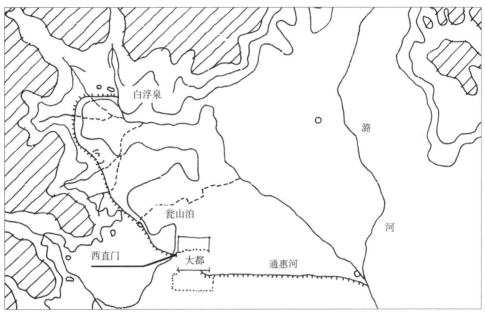

图 2-6　元大都城周边水系分布图

图 2-7　建国门南观象台

（2）明北京城（1368~1644 年）

　　1368 年明王朝开始统治全国，定都南京，改大都为北平府。明初为便于防守，将大都城门北部城垣南缩 5 里（2.5 公里），废健德、安贞、肃清和光熙四门。改建的北城墙对着原健德、安贞两门分别开辟德胜、安定两门，并将东西城墙的崇仁门、和义门改名为东直门、西直门。随将积水潭西部隔于城外，因地势形成北京城西北角（图 2-8）。

　　1403 年（永乐元年），朱棣夺取皇位，改北平府为北京。朱棣下诏营建宫阙城池，1420 年建成，明王朝正式迁都北京，将大都城的南城墙向南推移 1 公里左右，从现长安街一线移至现前三门一线；1436 年开始修建 9 个城门的城楼，4 年完成，"将丽正门改为正阳门，文明门改为崇文门，顺城门改为宣武门，齐化门改为朝阳门，平则门改为阜成门"，现在的明城墙遗址的本体形成于此时（图 2-8）；1553 年，明世宗朱厚熜为加强城防，增筑外城。至此，形成了紫禁城、皇城、内城、外城四重城墙环绕，总平面呈"凸"字形的城市格局。形成内城 9 门，外城 7 门。全城平面设计沿用元大都城中轴线，北端始于新建钟鼓楼，南端止于永定门，全长 7.8 公里（图 2-8）。

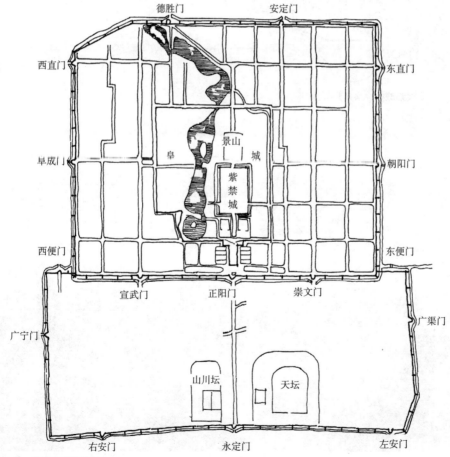

图 2-8　明北京城平面图

到了明代，街道宽度没有严格遵守元大都时街制，大街宽度约为 25~28 米，小街约为 12~15 米宽，胡同约为 5~6 米宽。

1405 年，明永乐帝朱棣修筑紫禁城；1417 年，开始大规模兴建皇城。明皇城居于全城的中心位置，是在元皇城的基础上向南扩展，增挖了南海，营建西苑。皇城周长 20 公里，有 4 门。在元后宫旧址上修建了镇山，即今天的景山。明朝突出体现了"皇权至上"的主题思想，紫禁城位居皇城中，南北长 960 米，东西宽 720 米，周垣长 3500 米，有 4 门。紫禁城的平面布局，中轴对称，纵深布局，三朝五门，前朝后寝。按照"左祖右社，面朝后市"的传统规制，宫城以南两侧，布置了太庙和社稷坛。在承天门前开辟了一个"T"字形封闭的宫廷广场。明北京城四周又修建了天、地、日、月四坛，形成"天南地北、日东月西"的布局（图 4–11）。菖蒲河与皇城根的格局正是形成于此时。此外，明成祖永乐十二年（1414 年），在城南开始修建南海子（团河行宫的前身），团河行宫于清乾隆年间建成，成为皇家行宫，为狩猎所用。

全城划分为东、西、南、北、中五城，城下共分为 36 坊，坊下设牌，牌下设铺，形成明代都城市政管理的完善系统。

（3）清北京城（1644~1911 年）

清朝定都北京，沿用明北京城总体格局和街道系统。在市政管理方面，清初圈占内城，废除明代坊铺制，由满、蒙、汉等八旗按方位管辖居住。汉官、汉民、商人、回民等居住外城，分置五城，中、南、北、东、西城。

光绪二十六年（1900 年）庚子之乱后，清政府签订了丧权辱国的《辛丑条约》，于 1904 年划定北京公使馆区，其范围东至崇文门大街，西至兵部街，南至城根，北至东长安街，界内居民、衙署一律迁出，俨然成为"国中之国"。

清代修建宗教建筑之风很胜，修建寺庙，北海白塔，伊斯兰教建筑约 60 多处，还有天主教堂，建有会馆 400 多处，多集中于前门外。

清初造园极盛，有北海、中南海、西北郊的"三山五园"、圆明园、团河行宫及承德避暑山庄。1860 年英法联军等入侵北京烧了"圆明园"等三园，形成了现在圆明园遗址公园的基址。光绪十四年（1888 年），慈禧动用海军军费修复清漪园，易名颐和园，历时 7 年建成。

经历了元、明、清三朝对北京城的建设和变革，城市格局逐步完善健全，近代北京皇城的城市格局基本形成，成为了现在北京城市遗址的母体，是对遗址文化内涵溯源的历史根基。

2.2　公园遗址的历史变迁

根据对北京历史沿革和城市格局演变的系统研究和比较总结，可以发现在北京皇城的建设发展过程中有四个元素是不可缺少的，即城墙、宫殿建筑、园林和水系这四大元素。这正好跟笔者对北京城市遗址公园的遗址类型相吻合，为公园遗址本体的溯源和沿革提供了依据和可考性。

2.2.1 宫殿建筑类遗址——团河行宫

团河行宫是清封建王朝在明朝时开始营建的北京名苑"南海子"（现称为南苑）里修建的四座行宫中最豪华的一座（图 2-9）。南海子即南苑，位于北京城南郊占地面积约 210 多平方公里。当年这里地势低洼，泉沼密布，生长着茂盛的水草，繁衍有无数的麋鹿雄兔，自古以来就是一片天然的猎场。辽、金时，这里是封建帝王进行渔猎和习武的重要场所。"元朝时，由于蒙古族重视骑射，更把这里当做游猎和训练兵马的地方。据《元史兵志》记载：'冬春之交，天子或亲幸近郊，纵鹰隼搏击，以为游豫之度，谓之飞放。'所谓飞放，是指元朝时封建帝王纵使一种叫海东青的名雕猎捕天鹅和大雁的狩猎活动，这种活动一直延续到明代。因为这里距元大都城仅 20 里，故名'下马飞放泊'。'曰下马者，盖言其近也'。元朝统治者为了游乐的需要，曾在这一带筑起晾鹰台、设鹰坊等"。

永乐十二年（1414 年），明成祖下令在飞放泊的基础上进行扩充，四周筑起一丈高的土墙。周长一万九千二百八十丈（约 64267 米）。另外修建了四座海子门，即北大红门、南大红门、东红门、西红门。后来又陆续修建了庞殿行宫和旧衙门、新衙门提督官署等。并设海户千人负责放养和守护苑中禽兽。明成祖每年都要到这里来游猎。当年，这里草木茂盛、黄羊麋鹿出没其中，风景十分优美，是著名的"燕京十景"之一，其名曰"南囿秋风"。

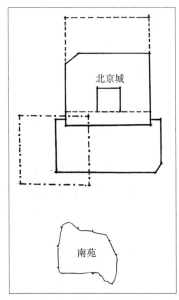

南苑与北京城的位置关系　　　　　　　　　团河行宫在南苑内的位置关系

图 2-9　北京古城—南苑—团河行宫三者位置关系分析图

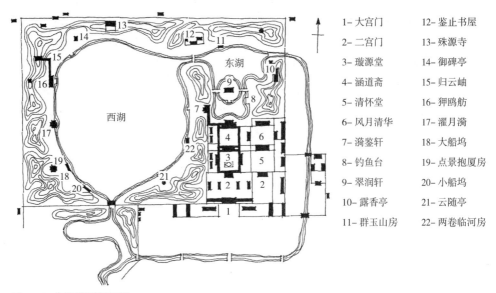

1— 大宫门　　　　12— 鉴止书屋
2— 二宫门　　　　13— 殊源寺
3— 璇源堂　　　　14— 御碑亭
4— 涵道斋　　　　15— 归云岫
5— 清怀堂　　　　16— 狎鸥舫
6— 风月清华　　　17— 濯月漪
7— 漪鉴轩　　　　18— 大船坞
8— 钓鱼台　　　　19— 点景抱厦房
9— 翠润轩　　　　20— 小船坞
10— 露香亭　　　　21— 云随亭
11— 群玉山房　　　22— 两卷临河房

图 2-10　团河行宫平面图

　　清代皇帝更把这里当做皇家苑囿大力营治。"在明朝海子墙的基础上新辟五门，即黄村门、镇国寺门、小红门、双桥门、迥城门。顺治、康熙皇帝先后在海子里营建了数处行宫庙宇，使南苑显得更加宏伟壮丽。当时南苑有旧衙门行宫、新衙门行宫、南红门行宫，有德寿寺、元灵宫、关帝庙、永慕寺、宁佑庙等寺观。乾隆年间，把南海子中的原有建筑大部分重修，并耗银三十八万两把原来的土海子墙改建为砖墙，长约一百二十华里"。兴建团河行宫，经过数十年的精心营治，苑中宫殿辉煌，平波如镜，林木葱茏，绿野铺芳。南海子已成为清王朝在北京南部的一座大型皇家园林（图 2-10）。

　　团河行宫是在乾隆三十七年（1772 年）疏浚团河后开始动工修建的，大约在乾隆四十五年（1780 年）修建完成。团河行宫建成后，清廷即派兵勇在行宫四周的"堆拨房"、"军值房"内驻防守卫。同时迁来 18 户满族人民住在行宫东部，负责行宫的维护和供皇帝临幸时役使。清朝末年，由于清政府的腐败，八旗兵纪律涣散，武备废弛，使帝国主义侵略军得以借机对我国进行野蛮的侵略。1900 年，帝国主义八国联军入侵北京。当年 8 月初，侵略军在南海子焚烧寺庙，射杀苑中禽兽。在南苑屯兵的荣禄贪生怕死，闻风而逃。日、英侵略军先后闯入团河行宫，把宫中珍宝洗劫一空，带不走的名瓷、石雕尽行毁坏，使团河行宫遭到严重破坏。团河行宫彻底毁于 1937 年日本侵华和国民党统治时期。"1937 年 7 月 21 日清晨，日本侵略军突然包围了团河村，向驻扎在团河行宫的中国军队发起进攻。团河行宫又受到摧残。1942 年日本侵略者为了修建南苑机场和廊坊、黄村、南苑火车站等，开始大规模地拆毁团河行宫。日本投降后，国民党贪官污吏为中饱私囊，仅四五年的工夫，把团河行宫的主要建筑拆得一干二净，宫中的树木也被砍伐殆尽"。

新中国成立后，团河行宫遗址曾被几个单位长期占用。1957 年被划归北京市园林局作为绿化用地，但这一组古代园林遗址也未得到应有的保护和修缮。河湖山石驳岸被拆毁，与西湖小船坞的条石一起运走修建了剧场。特别是"文化大革命"中，西湖东南岸的云随亭等又被拆毁，令人痛惜。至 20 世纪 80 年代团河公园建筑前，行宫遗址尚存古柏 159 株，虽历尽沧桑，仍浓郁如黛，傲然挺立。可喜的是团河行宫虽然屡遭兵焚，但山水依然。土山总面积近 50 亩（约合 0.03 平方公里），南山海拔 52.53 米。西湖水面约 60 亩（合 0.04 平方公里），东湖水面约 15 亩（合 0.01 平方公里），东湖岸边群玉山房和钓鱼台基础完好；岛上翠润轩基本完整。西湖岸边的大船坞仍可利用，云随亭、点景抱厦房、归云岫、珠源寺、漪鉴轩等都有遗址可寻。保存最好的是西湖西北岸的御碑亭。亭四方形，为人式歇山重檐筒瓦调大脊，吻垂饯兽，顶部旋子彩画，亭内有乾隆题诗碑一座。碑身四方形，上为四角攒尖顶，碑额浮雕双龙戏珠，下为须弥座。碑身四面镌有乾隆四十五年至五十三年（1780~1788 年）乾隆御制团河行宫诗作四首。因团河行宫耗费了大量人力、财力，乾隆皇帝面对其奢侈豪华"抚景不能不引以为愧"，曾作《知过论》一文"以当自讼"。御碑亭中西面的碑文就是传说在南海子早已失传的《罪己诏》（图 2-11）。

2.2.2 城墙类遗址——元大都城垣与明清城墙

在北京，以城墙类遗址为保护和展示核心的遗址公园公园包括元大都城垣遗址公园、明城墙遗址公园和皇城根遗址公园。根据北京城的历史沿革和城市格局变迁的研究分析，可以发现如今的遗址公园中城墙遗址始于元大都城垣，成形于明清北京城城墙。

元人都城是按《周礼·考工记》规划建设的最完备的封建都城之一。《元史·地理志》记载："城方六十里门十一座"，周长 28.6 公里，经实测北城垣长 6.73 公里，东城垣长 7.6 公里，南城垣长 6.68 公里。元代新建城墙，大多采用我国传统的构筑技术，用土分层夯筑。土城为梯形，底阔上窄。底、高、顶的比例为 3:2:1。大都城墙的尺度大致为底宽 24 米，高 16 米，顶宽 8 米。今日的元大都垣遗址，是大都的西城和北城（图 2-12）。明朝建都北京后，出于防守的考虑，将大都的城垣缩小，废弃北垣城，南缩 5 里（合 2.5 公里），另筑新城墙，但元土城北垣依然留存至今。

明朝内城城墙是城内规模最大的建筑物，为正方形，周围 20 公里，高约 11 米，非常动人心魄，雄伟壮观，幅员辽阔，沉稳雄劲。整座城墙保持统一风格，为灰色砖墙，外观古朴，绵延不绝（图 2-13）。城墙每隔一定距离便筑有大小不一的坚固石墩台，从而使城墙外表具有鲜明的节奏变化（图 2-14）。城墙内表，在各段城墙的衔接处极不平整，多处又受到树根和水流的侵害而变得凹凸不平，故其变化显得较为迂缓和不大规则。这种缓慢的节奏在接近城门时突然加快，并

图 2-11　石碑《罪己诏》

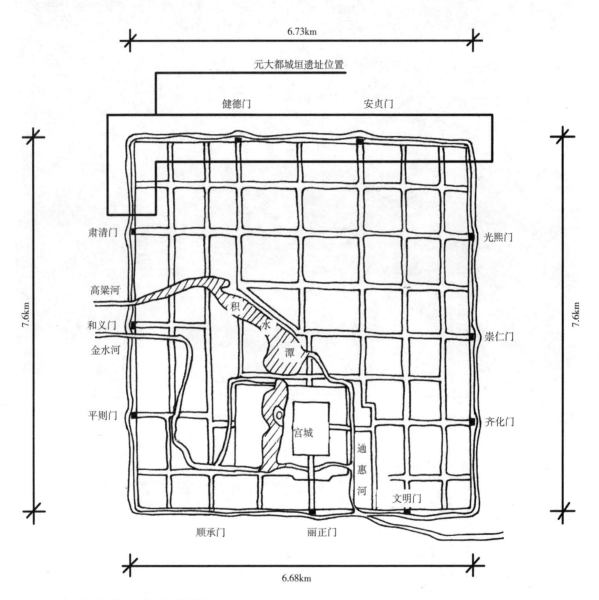

图 2-12 元大都城城垣平面及遗址位置图

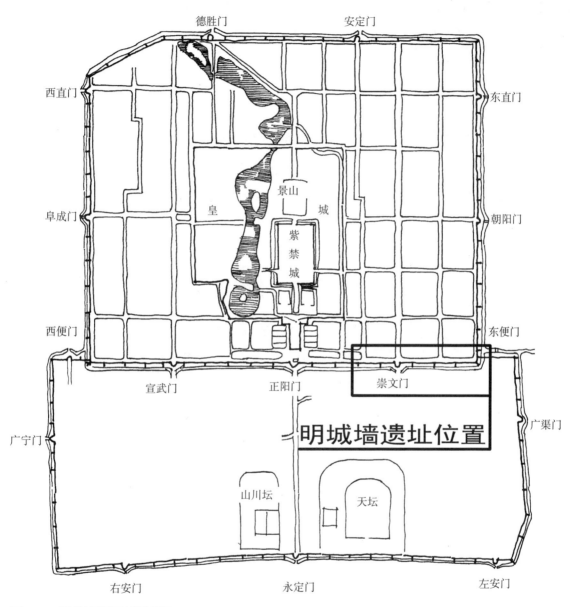

图 2-13　明城墙平面及遗址位置图

图 2-14　明城墙遗址的石墩台

在城门处达到顶峰。内城为砖砌长幅画卷，我国各种文献所记载的城墙高度和厚度也互不一致，因为城墙情况各处差异很大。《顺天府志》记载："卜石上砖，共高三丈五尺五寸。堞高五尺八寸，址厚六丈二尺。设门九，门楼如之，角楼四。城垛一百七十二，旗砲房九所，堆拨房一百三十五所，储火药房九十六所。雉堞一万一千三十八，砲窗一万二千一百有八。"要准确指出城墙高度是不可能的，因为每隔几步高度就发生变化，这不仅由于城墙多有颓败和修补之处，而且由于靠近墙根的地面也发生了很多变化。城墙外表系以砖包砌，但是不仅仅一层，而是由好几层构成，有的多达七、八层，使用灰泥砌成，砖砌不很规则（图 2-15）。至于城墙的砖砌内壁，是一段一段衔接起来的，各段的修筑年代、质量和做法均有不同，可以根据镶嵌在墙上的兴工题记碑来确定。

　　双重城楼安然矗立于绵延的墙垛之上，其中较大的城楼像一座筑于高大城台上的殿阁。城堡般的巨大的东南角楼（明城墙遗址公园重要遗址景观之一），成为全部城墙建筑系列巍峨壮观的终点。东南角楼始建于明代。据《明英宗实录》载："正统元年（1436）十月辛卯，命太监阮安、都督同知沈青、少保工部尚书吴中，率军夫数万人修筑京师九门城楼。初京师城因元旧，永乐中虽略加改葺，

图 2-15　明城墙以砖包砌的工艺

然月城楼铺之制多未备，至是始命修之。正统三年（1438）正月辛亥，拨五军，神机等营官军一万四千修葺京师朝阳等门城楼。三月癸巳，以建朝阳、东直二门城楼……八月戊午，修理京城门楼、河桥工毕。正统四年（1439）四月丙午，修造京师门楼、城壕、桥闸完。正阳门正楼一、月城中左右楼各一；崇文、宣武、朝阳、阜成、东直、西直、安定、德胜八门各正楼一，月城楼一。各门外立牌楼。城四隅立角楼。又深其壕、两崖悉以砖石。九门旧有木桥，今悉撤之，易以石。两桥之间各有水闸。濠水自城西北隅，环城而东，历九桥九闸，从城东南隅流出大通桥而去。自正统二年（1437）正月兴工，至是始毕"。焕然金汤巩固，足以耸万年之瞻矣，这几段记载说明东南角楼应是正统元年（1436年）筹建，正统二年（1437年）兴工，正统四年（1439年）建成。

　　清朝定都北京后，沿用明北京城总体格局和街道系统，都城城垣无明显变化。至清末时北京城整体保存完好，之后战火绵延，城墙开始遭到破坏。"1900年，义和团在大栅栏廊房头条焚烧专卖西药的老德记药房，大片民房遭灾，大火一直烧到正阳门，箭楼被焚，幸未倾塌。同年，八国联军攻陷天津，侵入北京，在天坛圜丘架炮轰击正阳门，箭楼被毁。印度兵在正阳门城楼内取火，引发火灾，城楼被毁"。八国联军用大炮轰塌崇文门箭楼和朝阳门箭楼；为把铁路铺至正阳门，拆除永定门东侧和东便门处城墙，在崇文门瓮城开洞；美国兵为乘坐火车方便，拆除部分城墙修建券门通道。城墙在之后的战争中不断地被毁坏，惨不忍睹。

新中国成立初期，城墙作为北京旧城的重要组成部分，与旧城整体受到保护。1949年1月，北平和平解放，千年古都得以保全。然而从1952年开始，北京外城城墙被陆续拆除。20世纪50年代，外城城墙被彻底拆除；1965年修北京地铁，内城城墙开始被连根挖掉。目前仅存正阳门城楼、德胜门箭楼、东便门角楼（图2-16、图2-17）。2001年修复东便门处明城墙遗址，因而此段城墙是仅存的内城城墙遗址（图2-18）。

历史上的皇城是与北京旧城同时代修建的一座皇家宫廷建筑，是守卫紫禁城安全和为封建帝王统治服务的皇宫外城。据文献记载，元大都城即在宫城外建有皇城。据《燕都丛考》记载："明洪武初，改大都路为北平府，缩其城之北五里……又令指挥张焕计度故元皇城，周围一千二百六丈。"皇城位置在大都城中央偏西，以琼华岛为中心。元代皇城城墙称萧墙或红门阑马墙，其北城墙在今地安门南，东城墙在南河沿西，西城墙在西皇城根南街西，南城墙在东华门与西华门以南，周围20里（合10公里），皇城内包括：宫城、兴圣宫、隆福宫及御苑等（图2-19）。

明代皇城是在元大都萧墙旧址上改建的，其城墙均向外有所扩展。据《读史方舆纪要》记载："永乐四年，营建宫殿……于内为宫城，周六里一十六步，亦曰紫禁城，南曰午门，东曰东华门，西曰西华门，北曰玄武门。宫城之外为皇城，周一十八里有奇，南曰大明门，曰长安左、右门，中曰东安、西安，北曰北安门。"皇城的中心是紫禁城，是封建帝王的统治中心，皇城内建有景山（万岁山）、三海等皇家御园和二十四署及监、局、厂、作、库等为皇家服务的制作、管理机构（图2-20）。明代皇城是国家禁地，据《燕都丛考》记载："明代皇城以内，外人不得入，紫禁城以内，朝官不得入，奉事者至午门而止。"

清代初期，皇城仍设四门，顺治年间，将南门更名天安门，北门更名地安门。至清中期，曾对皇城进行一次较大规模的修缮。据《国朝宫史》记载："皇城重建于乾隆十九年，至二十五年工竣。又增筑长安左门外围墙一百五十五丈，长安右门外围墙一百六十七丈五尺一寸，各设三座门。"皇城的范围又有新的扩展（图2-21）。

民国元年，随着帝制的取消，皇城完成了历史使命，皇宫禁地被打破，因当时政治上的原因和城市交通的需要，对原封闭的皇城墙进行了拆除和改造。至今已超过百余年，特别是新中国成立后的50多年，城墙逐年消失，但是皇城内的古代建筑整体上基本保持了民国以来的面貌。

目前东皇城墙地面建筑已荡然无存，遗址区域内的建筑已全部变为民居。皇城东门——东安门、皇城墙、望恩桥、御河的准确位置及建筑遗存，必须通过考古发掘才能加以确定。北京市文物研究所在对拆迁后的遗址区域进行考古发掘的

图 2-16　正阳门城楼

图 2-17　东便门角楼

图 2-18　残留的明城墙遗址

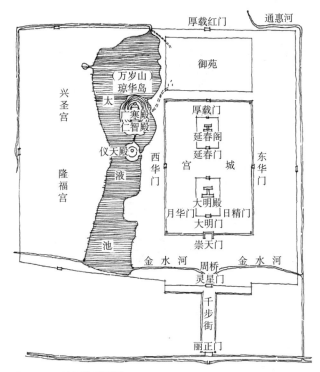

图 2-19　元皇城平面图

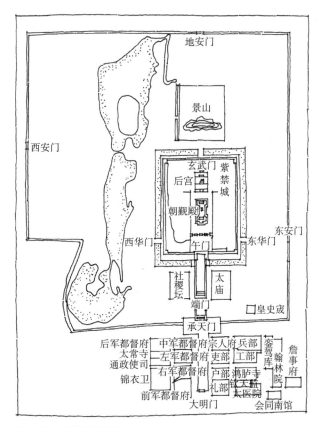

图 2-20　明皇城平面图

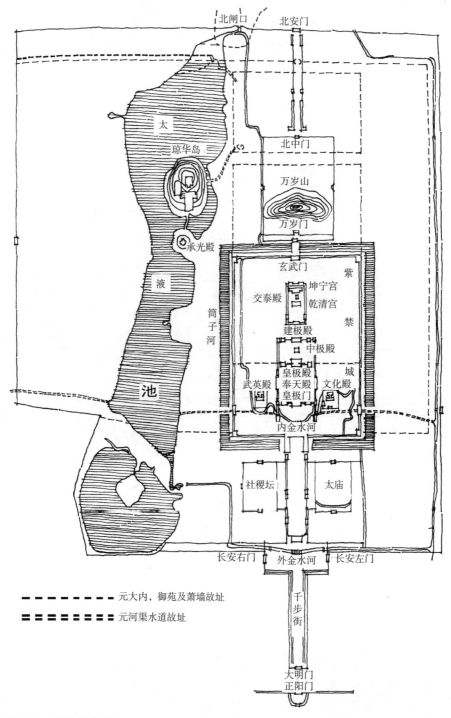

图 2-21　清皇城平面图

过程中，明确定了东安门的位置，并对长达 2700 余米的东皇城墙遗址进行发掘、清理，确定城墙的准确位置及建筑工程做法，形成了现如今的皇城根遗址公园中的核心遗址景观——皇城东城墙东安门遗址（图 2-22）。

图 2-22 明皇城东安门遗址

2.2.3　园林类遗址——圆明园

关于圆明园的历史沿革，可以从它的兴盛与衰败两个方面进行解读。

（1）空前绝后，万园之园

清王朝定都北京以后，开始在西北郊陆续营建大型皇家园林。历经康熙、雍正、乾隆、嘉庆、道光、咸丰六朝150余年，到了1860年以前，在北京的西北郊地区形成了一大片皇家与私家的园林建筑群。极目所见，皆为湖泊溪流、馆阁连属、叠石为山、曲径通幽、绿树掩映的名园胜苑，东起现今的清华大学，西迄香山，绵延二十余里，皇家与私人园林多达八九十座，在这众多的园林中，尤以五园三山，即静宜园（香山）、静明园（玉泉山）、畅春园、圆明三园（即圆明园、绮春园、长春园）、清漪园（万寿山）等，规模最为宏大壮美，而圆明三园更是其中的经典之作，体现出中国古典风景式园林造园技法的全部形式与要素，代表着中国皇家造园艺术的最高成就，被后人成为"万园之园"。圆明园是静宜园、静明园和畅春园的建设延续，其历史沿革与这三园有着不可分割的关系，均属皇家行宫体系。

①静宜园（香山）

1677年（康熙十六年），康熙帝在原香山寺旧址上修建香山行宫。其后，乾隆帝"往游而乐之"，每每因此地"山水之乐，不能忘怀"，对香山行宫大加扩建。1745年（乾隆十年），逐渐建成"佛殿琳宫，参错相望"的清帝行宫。正门上悬有乾隆帝御题"静宜园"三字匾额，故此这里被称为"静宜园"。静宜园占地达2300亩（约153公顷），大小建筑群共有50余处，殿堂楼阁、亭馆斋轩、佛寺佛塔等，依山而筑，交融于泉壑、山岩、林木之间。经乾隆皇帝以三字命名题署的，共有二十八景。

②静明园（玉泉山）

1656年（顺治十三年），清廷将京西的玉泉山隶属于奉宸院，取名澄心园。1680年（康熙十九年），康熙帝对玉泉山进行扩建，改为行宫。1692年（康熙三十一年），将"澄心园"改名为"静明园"。其后，清廷又挟清王朝的鼎盛国力，进行了多次大规模的修建，将玉泉山及附近的一些溪河湖泊全部圈入园墙以内。静明园占地975亩（约65公顷）。乾隆帝非常喜欢静明园内的景致，择其最美之处，以四字为名，命名了"静明园十六景"。其后，乾隆帝认为"玉泉山盖灵境也……一时之会，前后迥异；一步之移，方向顿殊。吾安能以十六景概之"，又增加了以三字命名的十六景，静明园内共有三十二景。

③畅春园

大约在 1685 年（康熙二十四年）前后，清廷在明代武清侯李伟的清华园（此处的清华园并非现今清华大学之清华园，其位置相当于现在北京大学西门一带）废址上修建了畅春园，作为自己的"避喧听政"之所。畅春园坐北朝南，呈长方形，占地 900 亩（约 60 公顷），南半部为议政和居住用的宫殿部分，北半部是以水景为主的园林部分。畅春园内大致可以分为中路、东路、西路和西花园四处景区。中路景区，是畅春园的理政和居住区，中路的大宫门、九经三事殿、二宫门、春晖堂、寿萱春永殿、后罩殿、云涯馆、瑞景轩、延爽楼、鸢飞鱼跃亭等，构成中路的中轴线。中路大宫门上高悬康熙帝御题"畅春园"三字匾额，因此而名。

④圆明三园

畅春园建成以后，康熙帝为了生活及处理政务的方便，便把附近一些较小的园林赏赐给皇子们居住。畅春园正北方约一里许的一座小园林，被赏赐给了皇四子胤。因康熙帝"赐以园额曰圆明"，遂称此园为圆明园，全园面积大约 300 亩（约 33 公顷）。胤（即雍正帝）即位后，开始对圆明园大加扩建、增建，并在圆明园南面"建设轩墀，分列朝署，俾侍值诸臣有视事之所，构殿于园之南，御以听政"。此后，圆明园不但为清帝的园居游憩之地，而且成为清帝的重要听政、理政之所。据《日下旧闻考》记载："由雍正帝命题的各景点匾额，达八九十个之多，其中较为著名的是雍正帝命名的圆明园二十八景。""乾隆帝在位期间，清王朝国力鼎盛，库储充盈，多次较大规模增修圆明园。乾隆帝依仿避暑山庄三十六景，每景以四字题名匾额之例，将圆明园内的原二十八景增改为四十景，并御笔题书匾额"，此即历史上著名的"圆明园四十景"（表 2-1 中标号 1~40 的景点）。此外，乾隆帝还在圆明园的东面和东南面兴建了"长春园"和"绮春园"（同治朝改称万春园），其平面布局呈倒置的品字形，合称圆明三园，总面积达到 5200 余亩（约 350 公顷）。其中长春园有"长春园三十景"，绮春园有"绮春园三十景"，后又陆续新成二十余景。圆明三园中共有著名景点 145 处，如正大光明殿、九州清晏、万方安和、澹泊宁静、鸿慈永祜、方壶胜境、蓬岛瑶台、方外观（大水法、观水法）、海晏堂等都是圆明三园中的胜景（图 2-23，表 2-1）。至此，圆明园达到了历史上的鼎盛时期，规模宏大，气势恢宏。

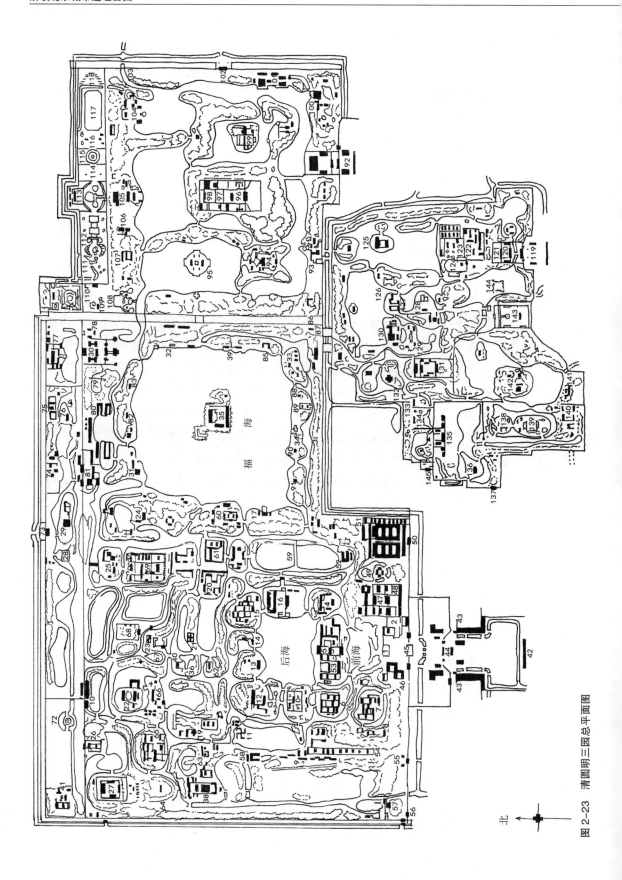

北

图 2-23　清圆明三园总平面图

清圆明三园景点名称列表（对应图 2-23）　　表 2-1

圆明园	1. 正大光明	2. 勤政亲贤	3. 洞天深处	4. 镂月开云	5. 九州清晏
	6. 茹古涵今	7. 长春仙馆	8. 四宜书屋	9. 山高水长	10. 坦坦荡荡
	11. 万方安和	12. 杏花春馆	13. 上下天光	14. 慈云普护	15. 碧桐书院
	16. 天然图画	17. 澡身浴德	18. 曲院风荷	19. 武陵春色	20. 坐石临流
	21. 澹泊宁静	22. 濂溪乐处	23. 水木明瑟	24. 廓然大公	25. 西峰秀色
	26. 汇芳书院	27. 鸿慈永祜	28. 鱼跃鸢飞	29. 北远山村	30. 方壶胜境
	31. 平湖秋月	32. 涵虚朗鉴	33. 别有洞天	34. 夹镜鸣琴	35. 蓬岛瑶台
	36. 映水兰香	37. 日天琳宇	38. 月地云居	39. 接秀山房	40. 多稼如云
	41. 紫碧山房	42. 照壁	43. 转角朝房	44. 大宫门	45. 出入贤良门
	46. 书膳房	47. 保合太和殿	48. 吉祥所	49. 前垂天贶	50. 富园门
	51. 如意馆	52. 南船坞	53. 慎德堂	54. 十三所	55. 西南门
	56. 藻园门	57. 藻园	58. 西船坞	59. 九孔桥	60. 延真院
	61. 同乐园	62. 天神台	63. 法源楼	64. 刘猛将军庙	65. 瑞应宫
	66. 汇总万春庙	67. 柳浪闻莺	68. 文源阁	69. 舍卫城	70. 芰荷香
	71. 西北门	72. 顺木天	73. 北大门	74. 若帆之阁	75. 清旷楼
	76. 关帝阁	77. 天宇空明	78. 蕊珠宫	79. 三潭印月	80. 大船坞
	81. 安澜园	82. 君子轩	83. 藏秘楼	84. 明春门	85. 观鱼跃
	86. 绿油门	87. 秀清村	88. 南屏晚钟	89. 广育门	90. 一碧万顷
	91. 湖山在望				
长春园	92. 大宫门	93. 倩园	94. 思永斋	95. 海岳开襟	96. 含经堂
	97. 淳化轩	98. 蕴真斋	99. 玉玲珑馆	100. 如园	101. 鉴园
	102. 大东门	103. 七孔闸	104. 狮子林	105. 泽兰堂	106. 保香寺
	107. 法慧寺	108. 谐奇趣	109. 储水楼	110. 万花阵	111. 方外观
	112. 海晏堂	113. 远瀛观	114. 线法山正门	115. 线法山	116. 螺丝牌楼
	117. 方河	118. 线法墙			
绮春园	119. 大宫门	120. 凝晖殿	121. 中和堂	122. 集禧堂	123. 天地一家春
	124. 蔚藻堂	125. 凤麟洲	126. 寒秋官	127. 展诗应律	128. 庄严法界
	129. 生冬室	130. 春泽斋	131. 四宜书屋	132. 假表盘	133. 延寿寺
	134. 清夏堂	135. 含晖楼	136. 流杯亭	137. 云料门	138. 绿满轩
	139. 畅和堂	140. 河神庙	141. 点景房	142. 沉心堂	143. 正觉寺
	144. 鉴碧亭	145. 西爽村门			

注：表中编号 1~40 为圆明园四十景。

（2）国耻浩劫，名园尽毁

1860 年 10 月 6 日和 7 日，英法联军共同劫掠了以五园三山为代表的皇家园林，并焚烧了部分建筑。如果说，英法侵略者大肆抢劫圆明园内的珍宝与文物，已经对中国人民犯下了不可饶恕的罪行，那么，他们极其野蛮地破坏大批文物，则是对整个人类物质文明的野蛮毁灭。据参与第二次鸦片战争的英国人斯温霍记载，他在圆明园内看到："军官和士兵，英国人和法国人，以一种不体面的举止横冲直闯，每一个人都渴望抢到点值钱的东西。多数法国人都拿着巨大的棍棒为武器，遇到不能挪动的东西，就捣个粉碎。在一间屋子里，你可以看到好几个各种等级的军官和士兵钻到一个箱柜里，头碰头，手撞手，在搜寻和强夺里面的物品。另一间屋里，一大群人正争先恐后地仔细检查一堆华美的龙袍。有的人在对着大镜子玩弄掷钱的游戏，另外的则对着枝形吊灯搞掷棒打靶来取乐。"英国人卧尔斯莱也记载说："乱七八糟，予取予携的抢劫，肆意毁坏一切过于笨重、不能移动的物品，都立刻开始了……桌椅由窗牖掷出，将钟击碎在石道上，一切不能破碎的物品，极力毁伤，使其变为不值钱的东西。"英法联军彻底毁坏圆明园及其园内文物艺术品，不是一般的战争破坏罪，而是毁灭整个人类物质文明的不可容忍的野蛮罪行；不仅是对中国人民的犯罪，对于全世界人民来说，也同样是犯罪。至此，这座中国历史上皇家园林的巅峰之作灰飞烟灭，残垣遍野，毁于一旦，留给后人的只剩残垣断壁，满目疮痍，一片荒芜。

2.2.4 水系类遗址——菖蒲河

菖蒲河，又称御河，在天安门金水河的下游，长约 500 米。天安门前边的五座石桥，正确的名字叫"外金水桥"，故宫太和门前的五座桥叫"内金水桥"，桥下流水的源泉是来自西郊的玉泉山，因为在阴阳五行中，长河属金，"金生丽水"，所以这条河流叫做金水河，菖蒲河流的也是金水河的水（图 2-24）。菖蒲河在明永乐年间，是明代"东苑"的内河之一。菖蒲河是因为两岸长满了香蒲而得名。香蒲即菖蒲，是草本植物，生在水边，地下有淡红色根茎，叶子的形状如剑，根茎可做香料，是一种药材，具有消除邪气的作用。清人顾铁卿《清嘉录》中说："截蒲为剑，割蓬作鞭，副以桃梗蒜头，悬于床户，皆以却鬼。"过去北京每逢端午时节，家家用菖蒲艾子，插于门上两旁，用以驱邪气。因为菖蒲河两岸的菖蒲丛生，故得名菖蒲河。

明朝永乐十一年（1413 年）五月的端午节，皇帝来东苑观看击球射柳，即藏鸽于葫芦或盒子里，悬挂在柳枝上，射中葫芦或盒子后，鸽子飞出，当时以此为戏。皇帝看后高兴，赐宴命群臣赋诗。第三年即永乐十四年（1416 年），皇帝又来到菖蒲即东苑来游，也是在端午节，又想起从前在这里游园时的情景，于是写了忆前驾幸东苑的诗篇："千门晴日散祥烟，东苑宸游忆去年。玉辇乍移双阙外，彩球低度百花前。云闻山色浮仙仗，风送莺声绕御筵。今日独醒还北望,何时重咏柏梁篇?"

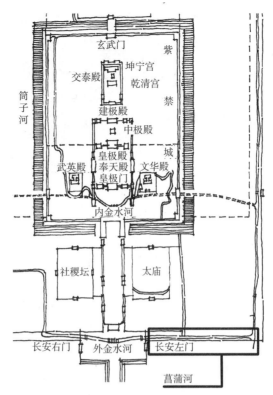

图 2-24 菖蒲河遗址位置

据《宸垣识略》的作者吴长元说："在明宣德年间，东苑有草屋数间，还有一座小殿，乃上致斋之所。殿内梁栋椽桷皆是杉木做的，也不加工砍削，盖上芳草。四面的栏杆也是那样古朴。路上长满了玫瑰、茉莉等植物，河旁砌石，在河南边有小桥，在两岸上建有几个草亭，东西相望，枕桥而渡。小殿两旁有东西斋，为弹琴读书之所。房四周编有竹篱，篱下种有瓜菜之类。明代还建楼阁于岸，建有诵福阁、崇德阁等宫廷建筑，是一个环境幽美的地方。"古人在那里吟诗，说菖蒲河风光是："鲸海遥涵一水长，清波深处石为梁。平铺碧瓦连驰道，倒泻银河入苑墙。晴绿乍添重柳色，春流时泛落花香。微茫回隔蓬莱岛，不放飞尘入建章。"诗难免夸张，但往日的菖蒲河确是一处风景优美，富有乡农野景的好地方，是当年一般百姓很少能去的地方。

当年菖蒲河"注水负瓮，宛如村舍"的秀美风光，后来日见消沉，菖蒲河上"牛郎桥"等景观，在新中国成立前建北京饭店时拆掉了，只剩下了桥的故基。在四十余年前，人们为了存放天安门节日庆祝活动所用的物品，将劳动人民文化宫以东到南河沿的菖蒲河上，加上了盖板，在上面搭起了仓库，菖蒲河成了暗河，再不得见天日。再往后，民房四起，菖蒲河一带不知何时形成了若干狭街窄巷，饭馆、烧烤，不少无照经营的个体户聚集在这里，周边环境杂乱无章，成了脏乱差的地方。昔日的优美景致荡然无存，皇家风采无处寻觅……直至 2011 年菖蒲河公园建设的动工，这条昔日风光无线的河道才得以重建天日（图 2-25）。

图 2-25 重建后的菖蒲河

2.3　小结

　　北京最早立都是在春秋战国时期，北京城现存的古城，是在元大都的基础上，经过明清两代的发展演变而来的。

　　1264 年开始大规模建设的元大都，筑有三组城垣，即大城、皇城、宫城。今日的元大都城垣遗址，是大都城的西北城垣和北城垣。后来，明清两朝的皇城与元朝的皇城大致相当，但是增加了外城的建设，形成了紫禁城、皇城、内城、外城四重城墙环绕，总平面呈"凸"字形的城市格局。不同于元朝的夯土城墙，明朝开始，城墙使用砖砌。清承明制，对城市格局较少改动。至 20 世纪中叶，这个古城仍保存完好，而现在的明城墙遗址属于内城东南城垣。菖蒲河与皇城根的空间格局正是随着这三朝的城市建设过程逐渐形成，于清朝最终成形。不同于元朝，明清两朝开始大规模兴建行宫别苑，团河行宫始建于明朝完成于清朝；圆明园完成于清朝，成为了中国古典园林中皇家园林的经典之作闻名世界。

　　可是由于统治阶级的无能腐败，这些辉煌一时的人类文明最终被侵略者毁坏殆尽，为后人留下的只有残垣断壁的遗址。深挖遗址的历史溯源和发展变迁成为了建设出优秀遗址公园的有力基石。

第3章 北京城市遗址公园的发展历程

3.1 北京城市遗址公园的建设历程

北京的城市遗址公园建设始于圆明园，圆明园于1983年被国务院确立为重点保护遗址区，1985年成立了圆明园展览馆，后于1988年圆明园遗址公园正式向社会开放，为北京城市遗址保护和展示迈出了新的一步，拉开了城市遗址公园建设的大幕。1985年，北京大兴区开始建设团河行宫遗址公园。并于2000年后迎来了城市遗址公园建设的高潮，相继建成了皇城根遗址公园、明城墙遗址公园、菖蒲河公园、元大都城垣遗址公园。

3.1.1 圆明园遗址公园

1949年，中华人民共和国成立后，人民政府十分重视圆明园遗址的保护，先后将其列为公园用地和重点文物保护单位，征收了园内旱地、进行了大规模植树绿化。在"文革"时期中，遗址虽然遭到过一些破坏，但它毕竟被保住了：整个园子的水系山形和万园之园的园林格局依然存在，近半数的土地成为绿化地带。十几万株树木蔚然成林，多数建筑基址尚可找到，数十处假山叠石仍然可见，西洋楼遗址的石雕残迹颇引人注目。

1976年正式成立圆明园管理处之后，遗址保护、园林绿化有明显进展，西洋楼一带得到局部清理和整理，整个遗址东半部的园林道路、园林设施从无到有，逐年有所改善，来园凭吊游览者有大幅度增加，圆明园园史展览馆自1979年11月开始对外开放，其中十分之一为中小学生集体参观。1983年，经国务院批准的《北京城市建设总体规划方案》，明确把圆明园规划为遗址公园。同年，北京市政府拨出专款，修复了长春园的东北南三面2300米虎皮石围墙。在北京市和海淀区政府及圆明园学会等社会各界的关心支持下，1984年9月圆明园管理处与海淀乡园内农民实现了联合，采取民办公助形式，依靠社会各方面力量，共同开发建设遗址公园。从而使遗址保护整修工作迈出了决定意义的一步。首期工程是整修福海，1984年12月1日破土动工，历时7个月蓄水放船。1985年孟冬接着整修绮春园山形水系，至次年初夏完成。这两期工程均以挖湖补山为主，并修建园路桥涵和园林服务设施，清整古建基址，进行绿化美化。两年动土方40万立方米，使110公顷范围的山形水系基本恢复原貌，其中水面55公顷。福海中心蓬岛瑶台东岛的"瀛海仙山"亭和西岛庭院，绮春园的新宫门，以及西洋楼的欧式迷宫（万花阵），均已在原址按照原样修复。后又经两年整修提高，遗址公园初具规模，于 1988 年 6 月 29 日，正式向社会售票开放。

由国家与园内农民联合建园这一形式，经数年过渡，全面开辟遗址公园的条件渐趋成熟。按照首都建设总体规划的要求，为加快遗址公园建设步伐，于 1990 年和 1993 年分两批正式办理了遗址公园全部占地的征用手续，将园内原以土地谋生的农民转为非农业人口，并安置其劳动力从事园林建设。这就为在圆明三园范围内全面建设遗址公园、保护文物古迹创造了全新的条件。是后续建设有条不紊的开展下去，时至今日圆明园遗址依然在不断地发掘和建设中，这座"万园之园"以它独特的魅力吸引着世界各国游客的目光，成为遗址公园的典范。

3.1.2 团河行宫遗址公园

1982 年初，由北京市政府拨付部分修缮款项由大兴县基本建设委员会管理，决定将团河行宫遗址区域建设成为团河公园。1982 年 7 月初，北京市政协的领导以及北京市人民代表大会的部分代表在对团河行宫遗址进行视察后，对团河行宫遗址的保护与改建提出了一定指示，并将该公园的建设纳入到黄村卫星城总体规划方案，拉开了团河行宫遗址公园建设的大幕。首先是在 1984 年修复了行宫遗址中的御碑亭，并在考古和历史研究的基础上于 1984 年 12 月 20 日完成了翠润轩及其两侧的桥涵，并对小岛的山石泊岸进行了重新堆砌。位于西湖西南岸的抱厦房以及东南岸的云随亭于 1986 年 10 月建设完成。2001 年，翠润轩等景区在北京市文物局和大兴区政府的通力协作下建设完成。在《大兴新城规划 2005–2020》的第 3 条第三点中特别强调"尊重城市历史和城市文化，全面展示和挖掘城市文化内涵，保护城市历史文化资源，特别是加强对南中轴沿线和团河行宫等皇家园林的研究。"但是由于种种因素的限制，原定于 2007 年完工的行宫至今仍未完成。可喜的是团河行宫虽经沧桑巨变但山水格局依然保存完整，这为后续遗址公园的建设提供了良好的遗址环境。

3.1.3 城墙与水系遗址公园

自新中国成立初的 20 年陆续拆除了北京的老城墙，直到 20 世纪 90 年代，北京城中的古城墙一直没有被视为文物古迹来保护，其周边的环境就更没有任何实质性的改造可谈。

东南角楼的修缮是在 1957 年到 1958 年间进行的。值得一提的是敬爱的周恩来总理为东南角楼的保护付出了相当大的心血。1958 年，东南角楼作为北京火车站建设工程的总指挥部，周恩来总理在指挥建设工作的同时作出了"保护好这座北京城的历史古迹"的重要指示，为了角楼这一国宝能够得到更好的保护，总理亲自指示并相应调整了北京站南侧站台的位置和用地。角楼的另一次劫难源自"文化大革命",这种人为的破坏使得刚刚得到保护的初步修缮的遗址残破不堪。北京城东南角角楼文物保管所于1980年5月正式成立后才使得这一重要历史遗址得到了真正的保护与修缮。角楼在1981年9月至1983年1月期间在北京市文物局的主持下进行了大修,使角楼的骨架得到了复原,直到1990年9月角楼的修缮工作基本告一段落正式对社会开放,并在1993年5月被崇文区人民政府定为"青少年教育基地"。

自2001年开始北京京城墙公园的建设陆续开始。2001年1月,在北京市规划设计院和王府井建设管理办公室的合作下,对国际国内6家设计单位关于皇城根遗址公园设计方案的投标与评审后,最终确定了实施方案。并于同年9月初建设完成了皇城遗址公园。皇城根遗址公园的建设初衷是使明清时期皇城墙遗址得到更好的保护与再现,因此皇城根遗址公园成为了北京市第一所以展示城墙遗址为主要内容的城市带状公园。

2001年4月,东城区政府和崇文区政府联合成立了明城墙遗址公园规划设计招标评选委员会,为明城墙遗址及其周边环境的保护与改造进行招标工作,其目的是要从根本上改变明城墙遗址一带破烂状况,完善北京旧城内地区的绿地系统,尤其是东南城区,改善城区局部的小气候和生态环境。2002年9月完成了明城墙遗址公园的主体建设工作。

菖蒲河能够得到恢复重见天日,主要是在政策上得到了大力的支持,在《北京历史文化名城保护规划》中明确指出:与北京城市历史沿革密切相关的河湖水系一定要进行重点保护,其中具有重要历史价值的河湖水面可进行部分恢复性建设(第七条)。因此,由东城区政府组织,2001年11月起,历时11个月完成了菖蒲河遗址公园的建设工作,使河道两岸成为了城市中的公共绿地,它与皇城根遗址公园共同构成了一条沿皇城城墙的生态绿色游憩廊道。这两所遗址公园在建设中的创新与尝试,都反映出地域历史文化要素在城市规划和绿地建设中得到了越来越多的重视,是将历史文化风貌保护、环境建设以及旧城改造合理结合的典型案例。

自2002年9月,元大都城垣遗址在北京历史文化名城保护规划中被列为重点保护和整建项目之后,在各方面专家学者的论证和研究基础上,决定将元大都城垣遗址建设成集休闲旅游、改善生态环境、展示元代历史文化于一体的大型开放式带状公园,并于2003年建成开园。元大都城垣遗址公园赋予了元代城垣遗址新的历史文化内涵,成为了北京现代人文奥运的第一个城市景观。

3.2 北京城市遗址公园的发展现状

3.2.1 分布区位

根据北京市现有城区的划分,北京市遗址公园的分布在海淀区、朝阳

1- 圆明园遗址公园　　2- 元大都城垣遗址公园
3- 皇城根遗址公园　　4- 菖蒲河公园
5- 明城墙遗址公园　　6- 团河行宫遗址公园

图 3-1　北京城市遗址公园分布图

区、东城区以及大兴区。主要分布在元、明、清三朝古都城的城市格局范围内，位于现代北京市中与现代北京城市建设叠加，成为北京城市建设中不可回避的一部分。

具体分布如下（图 3-1，表 3-1）：

（1）海淀区：圆明园遗址公园、元大都城垣遗址公园（海淀段）。

（2）朝阳区：元大都城垣遗址公园（朝阳段）。

（3）东城区：菖蒲河公园、皇城根遗址公园和明城墙遗址公园、明城墙遗址公园。

（4）大兴区：团河行宫遗址公园。

北京城市遗址公园区位地址列表　　　　　　　　表 3-1

名称	所在城区	地址
圆明园	海淀区	北京市西郊海淀区清华西路 28 号，西邻颐和园，东接清华大学
元大都城垣遗址公园	海淀区、朝阳区	西起海淀区学院南路明光村附近，向北到黄亭子，折向东经马甸、祁家豁子直到朝阳区芍药居附近
菖蒲河公园	东城区	天安门东侧，东临南河沿大街，南临东长安街
皇城根遗址公园	东城区	西邻南北河沿大街，东依晨光街，南起东长安街，北至平安大街
明城墙遗址公园	东城区	位于北京市中心东西二环之间，东起城东南角楼，西至崇文门
团河行宫遗址公园	大兴区	大兴区黄村卫星城东 2.6 公里外团河路西

3.2.2　现状概况

3.2.2.1　圆明园遗址公园

圆明园遗址公园的建设主要包括六个方面的工作：一是继续完善提高了福海、绮春园两景区的绿化美化、园路桥涵和服务设施。二是园林遗址的清理整理水平有明显提高。以上两个景区已有蓬岛瑶台、涵虚郎鉴、观澜堂、别有洞天、涵秋馆、天心水面、凤麟洲等十余处遗址，清运渣土，廓清石建基址，整理临水台基，界定遗址范围，立石镌刻盛时图景，供游人凭吊。三是择要修复了几处景点，如绮春园的仙人承露台、浩然亭和福海别有洞天的四方亭等。四是全面补砌了绮春园东半部的河湖自然石驳岸。五是全面清理整理了西洋楼遗址的西半部，廓清谐奇趣、蓄水楼、养雀笼、方外观、五竹亭、海晏堂等各座古建基址及喷水池，并归位大批台基柱壁等石件。六是从 1992 年 12 月起，全面整修长春园山形水系，至 1994 年 4 月基本竣工。共动土方 20 多万立方米，浚挖河湖水面 28 公顷，整砌石驳岸 9500 延长米，整理山形 42 座，使该园山形水系均基本恢复原貌。并整理了海岳开襟、思永斋、得全阁、鉴园、狮子林等处园林遗址和临水台基；挖掘复位乾隆御题匾诗刻石 31 件；种植各类乔灌木 35400 余株，栽种莲藕 10 公顷。至此，圆明三园整个东半部（200 公顷）已初步连片建成遗址园林。如今的圆明园遗址公园，已是山青水碧，林木葱茂，花草芬芳，景色诱人。它既富于遗址特色，又具备公园功能，是一处进行爱国主义教育及群众游憩的好去处（图 3-2～图 3-4）。

图 3-2　圆明园遗址公园大门（原绮春园大宫门）

图 3-3　圆明园遗址公园现今福海景区风光

图 3-4　圆明园遗址公园中长春园西洋楼景区石柱构件遗址

图 3-5　团河行宫西湖驳岸风光

3.2.2.2　团河行宫遗址公园

　　有着"皇都第一行宫"美誉的团河行宫遗址位于北京城南大兴区黄村卫星城以东 4 公里处，园内草美水清、古柏郁葱、坡岗起伏。公园现占地 33.1 万平方米，湖面面积 4.7 万平方米（湖水早已干涸），绿化总面积达 26.6 万平方米。园内主要植物包括国槐、桧柏、月季、油松、垂柳等；"团河八景"是团河行宫中最具代表性的景点，即镜虹亭、璇源堂、狎鸥房、涵道斋、归云岫、清怀堂、珠源寺、漪鉴轩，这些景点是皇家行宫建筑风采的集中反映，但是，除了几个重要节点已经完成了复建工作，其他区域的建设力度并不充分，基本保持其自然状态，河湖干涸，植物群落处于自然生长状况，可以看到原本的山形水貌，依稀可以感受到皇家猎苑的自然之美（图 3-5、图 3-6）。

图 3-6　团河行宫园路景色

3.2.2.3　皇城根遗址公园

　　建成后的皇城根遗址公园东起晨光街、东黄城根南街、黄城根北街，西至南河沿大街、北河沿大街，公园宽度约为 29 米；南起东长安街，北至地安门东大街，公园总长度 2800 米。公园分为南、北两段，南段为东长安街至五四大街，长度 1800 米；北段为五四大街至地安门东大街，长度 1000 米。时至今日皇城根遗址公园景观特色突出，涵盖了遗址、传统置石、四合院、喷泉、跌水、各色植物等景观要素，在保护和展示东安门遗址的同时美化和改善了周围的环境，为居民提供了怀古、休闲、游憩、聚会、健身等活动的场所，成为皇宫脚下一道亮丽的风景线（图 3-7、图 3-8）。

图 3-7　皇城根遗址公园北入口广场

图 3-8　皇城根遗址公园的景观步道

3.2.2.4　明城墙遗址公园

明城墙遗址公园西起崇文门路口、东至东南角楼、南接崇文门东大街、北连北京火车站，南北最宽处有 90 米、东西最长处达 1700 米。公园占地面积约 15.5 万平方米，除了明城墙遗址占用的 3.32 万平方米外的所有土地均为绿化用地，栽植花卉 11 万株、灌木 6000 余株、国槐等大规格乔木 400 余株，铺种草坪 7 万余平方米。同时，文管部门按照"修旧如旧"的原则，对 1540 米长的城墙遗址进行了修复。此外，铺装了 9000 余平方米的公园广场、便道、步道和甬路，并且为了绿地和澄清的良好夜间照明还铺设各种管线约 2.8 万延长米。

明城墙遗址公园的建设以展示明城墙的真实面貌为目的，以文物保护为出发点，将建设生态环境和塑造文化内涵有机地结合在一起，依据各绿化景区的风格特点和城墙遗址自然面貌，自西向东依次构建了"海岱映秀"、"老树明墙"、"紫玉怀古"、"百年车辙"、"残垣漫步"、"古楼新韵"等景点景区，成为了一处自然与历史相融合、宁静简洁、古朴沧桑、大气磅礴的独特城市公园，完美地展示了古都城墙的历史风貌、突出了其文化内涵（图 3-9~ 图 3-12）。

图 3-9　明城墙遗址公园东南角楼

图 3-10　修旧如旧的明城墙遗址

图 3-11　明城墙遗址公园绿地景观

图 3-12　明城墙遗址公园植物群落景观

3.2.2.5　菖蒲河公园

　　建成的菖蒲河公园南起东长安街北侧红墙，北至南湾子胡同、皇史宬南墙、飞龙桥胡同等，东起南河沿大街西至劳动人民文化宫东，公园总长度 510 米，总占地面积 3.8 万平方米，其中水面（宽 12 米、深 1.5~2 米）和绿化用地 2.02 万平方米，绿化率达到 65%。在植物方面，园内保留了原有的 60 余棵大树，新增了睡莲、香蒲、水葱、芦竹、千屈菜、芦苇等 10 余种水生植物，使得园内垂柳成荫，名木异草遍布。在人工景观方面，为了便于游客亲水、赏鱼，沿岸还设置了 10 处亲水平台；4 座形态各异的人行桥横跨河面之上，方便了游客的使用。公园的整体环境与北侧四合院建筑的青砖灰瓦相互融合、相得益彰（图 3-13、图 3-14）。

图 3-13 菖蒲河公园入口

图 3-14 菖蒲河中嬉戏的鱼群

3.2.2.6　元大都城垣遗址公园

元大都城垣遗址公园（朝阳段）在奥林匹克公园以南，位于北京中轴线东西两侧，总占地面积 67 万平方米，宽度 130~160 米，公园总长达 9 公里，是北京城区内最大的带状公园。元大都城垣遗址公园绿化面积 48.9 万平方米，在植物选择上以乡土树种为主，以多种外来优良树种为辅。其中以具有较大体量感的乔木来构成公园内的整体植物骨架，如柳树、国槐、栾树、刺槐、油松、榆树、毛白杨等；在中小灌木的选择上主要是榆叶梅、碧桃、大叶黄杨、海棠、连翘、紫薇等。作为街头绿地的元大都遗址公园的植物配置和绿化，总体而言在整体感的统一指挥下变化出了多种形式，植物的尺度和比例适宜，层次分明，主从分明极具韵律感。

小月河是公园的主体水景，将公园分为南北两个部分，北侧是绿化景点建设区，南岸是土城遗址保护区，为了使两岸不同风格的美景巧妙融合、相互连接，沿河还修建了六座形态不同的景桥和五处木质的游船码头。建成后的元大都城垣遗址公园有三个一级景区分别是元城新象、大都盛典、龙泽鱼跃（该景区是城区内面积最大的人工湿地，湿地面积达 1.7 万平方米）；六个二级景区："安定生辉"、"双都巡幸"、"角楼古韵"、"四海宾朋"、"水街华灯"和"海棠花溪"。此外，园内残疾人无障碍设施、市民休闲健身活动广场、灯光、健身器械、喷灌等设施一应俱全（图 3-15~ 图 3-18 ）。

图 3-15　元大都城垣遗址公园林荫大道

图 3-16 元大都城垣遗址公园水岸风光

图 3-17 元大都城垣遗址公园水景

图 3-18　元大都城垣遗址绿地景观

3.2.3　基本功能

3.2.3.1　展示历史与传承文脉

　　北京的城市遗址是北京城文化的积淀，是北京城历史文脉的再现，它承载着弥足珍贵的城市记忆。它是城市遗址公园的灵魂，也是城市遗址公园中最核心的景观要素。这些曾经被人忽视的城市遗址以及其周边的环境都深藏着浓郁的文化，蕴含着独特的民俗和风情，它带给人类不可估量的精神财富。

　　北京遗址公园通过运用各种设计手法，整合了遗址的周边环境，提升了整体环境质量，以一种特有的方式将这些尘封的城市特色文化和发展历史呈现在世人面前。通过场地讲述了城市厚重而沧桑的历史，唤醒人们对城市的记忆，继承和延续了城市文脉。这些独有的地方历史文化和地域风情、特色建筑，构成城市的历史骨架和形态，都可以被人们所感知，给人们留下深刻且鲜明的城市印象，增强了城市的可识别性，使遗址公园成为展示城市特色和城市形象的最佳舞台（图 3-19）。

图 3-19　元大都城垣遗址公园中展示元朝马背文化的主题雕塑

3.2.3.2　公众的精神寄托

在北京这样的现代化都市中，人们疲于奔命，在紧张的工作之余，渴望精神上的放松，因此，找到一处能够满足精神寄托的场所显得十分重要。城市遗址公园是一种有生命的空间场所，承载了城市的过去与未来，体现了丰富的景观，充满了变化的空间，蕴含了浓厚的文化积淀，在这里人们可以获得精神的享受和寄托。遗址公园作为城市绿地系统的组成部分，承担了现代人的休憩功能与要求，人们在这样美好的环境中进行互动和交流，调动全身的器官来感受并获取周围的环境信息，从而获得自我归属感（图 3-20、图 3-21）。

图 3-20　圆明园中瞻仰遗址的游人

图 3-21　东安门遗址前静思的老者

图 3-22　皇城根遗址公园中游憩的人们

3.2.3.3　提供休憩场所

北京城市遗址公园和其他类型的城市公园一样，承担着为城市公众提供休闲游憩场所的功能。遗址公园在为城市提供了公共空间、增加绿地的同时，构建了活动、交流和休憩的场所。对公园周边的居民而言，去公园散步、休闲、晨练、娱乐已成为周边居民日常生活的重要组成部分，拉近了人与自然的关系。此外，遗址公园中深邃的文化底蕴，不只吸引了城市居民的注意力，也使它成为吸引外地和外国游客的旅游景点，使游客在休憩、游玩的同时加深了对北京的了解，深化了公园游憩的功能（图3-22、图3-23）。

图 3-23 皇城根遗址公园中正在下棋娱乐的长者们

3.2.3.4 生态功能

北京城市遗址公园是北京市绿地系统的一部分,和城市其他绿地形式共同组成了整个城市的园林绿地系统,因此具有城市绿地最基本的功能——生态功能,起到了净化空气、美化环境、减低城市噪声、改善城市小气候、保护动植物的多样性等作用。在现代化城市中,大规模的建设活动阻隔了城市与自然的联系,生活其中的人们极为渴望在城市中寻求回归自然的感受,因此城市绿地获得了越来越多的关注。人们渴望与自然进行交流,希望借助这些绿地消除人与自然的隔断。城市遗址公园在一定范围内为人们提供了良好的生存环境,降低了城市建设对生态环境的破坏(图 3-24、图 3-25)。

图 3-24 皇城根遗址公园中合理的复合型植物配置

图 3-25 绿意盎然的皇城根遗址公园

3.3　小结

北京作为具有三千多年历史的世界闻名都城，正式成为都城是从元代开始的，到了清朝最终形成了现代古城的城市格局。其城市遗址价值是不可估量的，对城市历史延续、文脉传承有着至关重要的作用。因此，建设好北京城市遗址公园不仅是对北京城市历史的尊重与保护，更是对全中国历史遗迹的保护起到了带头的作用。从新中国成立以后，国家就开始重视这些古城遗址的保护与利用，特别是近十年更是取得了突出的成绩。北京先后建成了圆明园、团河行宫、皇城根、明城墙、菖蒲河和元大都城垣等一系列特色鲜明的城市遗址公园。这些遗址公园中的遗址历史悠久、内涵深邃，成为了公园中的核心景观，使人感受到浓浓的历史氛围，诱人探索都城的历史文化，发挥了展示历史，文脉传承的功能，给城市带来生态效益，给人们提供休憩场所和精神寄托的场所的重要功能，是城市中不可缺少的公共开放空间形式，这也为城市遗址公园的园林建设提出了更高的要求。

第4章 北京城市遗址公园的园林艺术特色

4.1 整体风貌

中国近代公园是在西方公园文化的冲击下形成的，是西方殖民者殖民文化侵入的产物。因此，早期的城市公园在风格样式上呈现出传统、西方或二者结合的情况，正如第2章中提到的既有从私家园林开放而成的中式风格公园，如上海的豫园、西园、徐园、申园、张园等；也有西式风格公园，如上海的虹门公园和黄浦公园等；还有受中西文化结合影响而出现的公园风格，如汕头中山公园。这样的风格样式模式在之后的中国公园建设发展过程中一直被延续了下来。如今的北京城市遗址公园中既有突出民族特色的亭、台、楼、阁、假山置石等传统园林造园要素，也有在空间布局上强调视野开阔、舒适明朗，基本以树木、开阔的草坪、西式园林建筑以及喷泉等造景手法，将形式与功能有机结合，既是保护和展示遗址的园林空间，又是满足公共需求的园林空间。

4.1.1 圆明园的宏美壮丽

圆明园是我国清王朝鼎盛时期兴建的历史上最宏伟、最优美的皇家园林之一。鼎盛时期的圆明园由圆明园、长春园、绮春园组成。占地面积5200亩（约367公顷），园内100多处风景园林建筑群总面积达20万平方米，由皇帝冠以佳名的殿阁亭榭800余所。造园意境，多采取神话传说中的仙宫幻境，或仿历代著名山水画中的深山幽壑，或采江南旖旎多姿的名园胜景，集中了中国南北园林的长处，把中国近三千年的造园艺术推到了一个巅峰。它又是东西方文化交融的典范，结合了东西方造园的手法，并兼取国外古典宫廷建筑的特点，其中最有名的"大水法"，是一座西洋喷泉，还有万花阵迷宫以及海晏堂等，都具有意大利文艺复兴时期的风格。正因如此，圆明园成为当世罕见的园林集大成者，被誉为"万园之园"。

现在的圆明园遗址公园是在被毁的原址上保持园林原始布局的基础上逐步发掘建设而成的大型遗址公园。在公园建设中主要是完善了景区的环境绿化、优化了园路桥涵及服务设施；清理整理了园林遗址、归位了大批台基柱壁等石件、界定了遗址范围、廓清了石建基址，并局部修复了个别景点及立石镌刻盛时图景；修砌了绮春园东半部的河湖石砌驳岸，全面整修了长春园的山形水系。这些工作旨在更好地对现有遗址进行保护，尽可能在保护遗址的前提下展现圆明园叠山理水、筑楼造林等精湛造园技艺和园林胜景。因此，公园的原始格局和区域风貌得到较为完善的保留（图 4-1、图 4-2），得以将圆明园集东西方造园精华于一体的原始遗址风貌完美的展现在世人的眼前（图 4-3、图 4-4）。

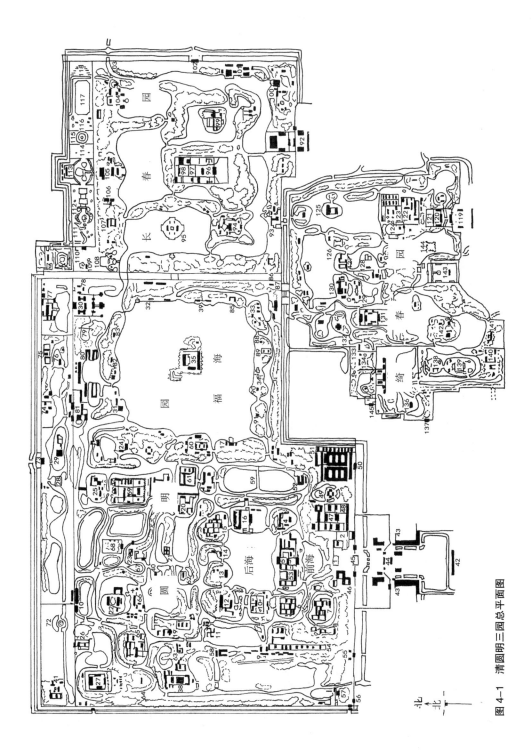

图 4-1　清圆明三园总平面图

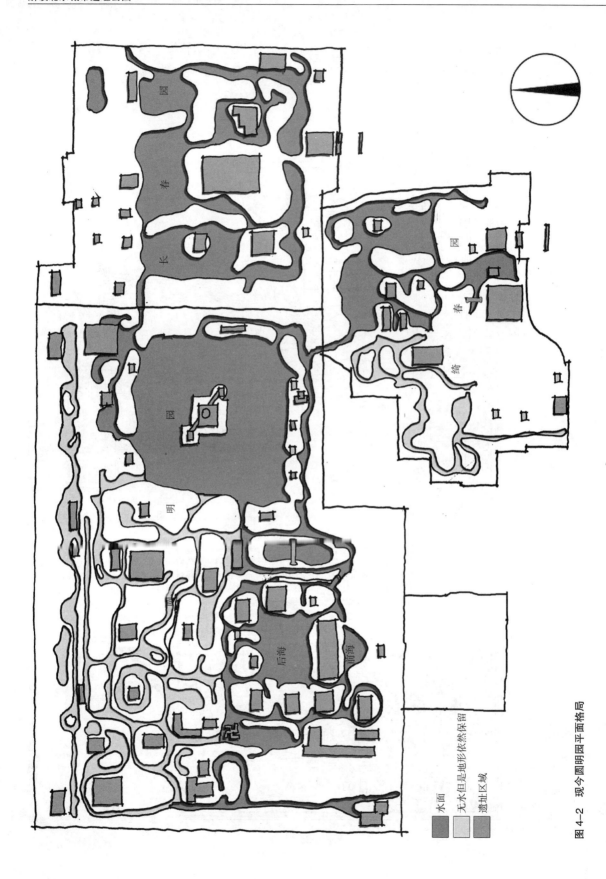

图4-2 现今圆明园平面格局

水面
无水但是地形依然保留
遗址区域

图 4-3　圆明园修复后的水岸风光

图 4-4　圆明园地形地貌遗址

4.1.2 团河行宫的原始风韵

　　团河行宫遗址公园是在考古发掘的基础上进行的恢复性建设而成的城市公园。现在的团河行宫遗址公园沿袭了历史上团河行宫的空间布局，可以说是对原始格局风貌的再现。园中只对几处典型代表性建筑及周边小景区进行了复建，如御碑亭、翠润轩及东西两侧的木桥、云随亭、报厦房等。水系方面，完全保留了原有的东西两湖的格局，只是对驳岸进行了堆砌修缮。园内道路也是沿着原有山形地势进行设置的。团河行宫内的林木也大致保持了过去的风貌，园内浓荫蔽地，保留了原有的 150 余株古柏，分布于园内空地和四周土山之上，湖岸上垂柳环列，茂密成荫，亭、台、楼、阁掩映于万绿丛中。因此，其传统的皇家宫苑格局基本保持了下来，成为修建遗址公园的良好基础（图 4-5~ 图 4-8）。现在该园仍然

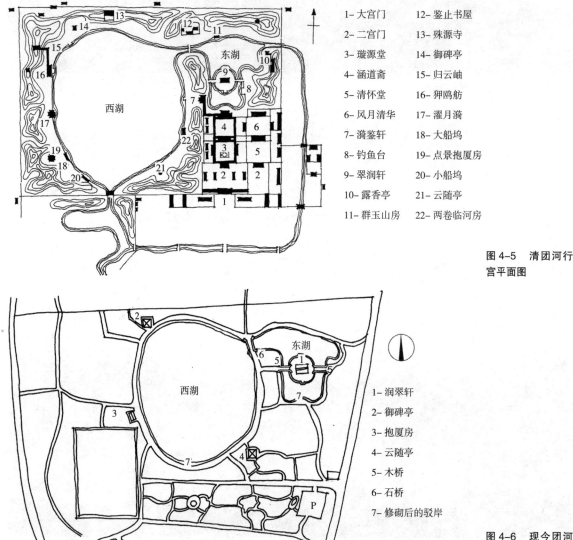

1- 大宫门	12- 鉴止书屋
2- 二宫门	13- 殊源寺
3- 璇源堂	14- 御碑亭
4- 涵道斋	15- 归云岫
5- 清怀堂	16- 狎鸥舫
6- 风月清华	17- 濯月漪
7- 漪鉴轩	18- 大船坞
8- 钓鱼台	19- 点景抱厦房
9- 翠润轩	20- 小船坞
10- 露香亭	21- 云随亭
11- 群玉山房	22- 两卷临河房

图 4-5　清团河行宫平面图

1- 润翠轩
2- 御碑亭
3- 抱厦房
4- 云随亭
5- 木桥
6- 石桥
7- 修砌后的驳岸

图 4-6　现今团河行宫平面图

图 4-7　团河行宫内的古柏

图 4-8　柳树成荫的西湖驳岸

没有修建完成，该园不同于其他的遗址公园的特点是园中以自然景观为主，人工痕迹较轻，是一处典型的中国传统自然式遗址园林。

4.1.3　皇城根的绚丽风光

皇城根遗址公园地处北京市中心，东临国际化的王府井商业街，西临具有150多年历史的故宫博物院，是一处传统与现代交汇交融的地带。公园全长2.8公里，平均宽度为29米，空间划分上自然式和几何式相结合。从南到北，每隔大约150米左右设置一处广场，为周边居民提供了充足的活动空间，是集历史展示、美化环境、休闲娱乐、缓解交通压力、改善生态环境等功能于一体的带状公园（图4-9、图4-10）。由于该园地处京城文化核心区，其景观建设不仅体现了北京皇城的风范，同时将东西方特色景观节点融入其中，并且体现了以展示城墙遗址为目的的历史内涵。其中一级景观节点为南入口节点、五四大街节点、东安门大街节点、地安门大街节点。每个节点体现出不同的主题和文化内涵（图4-11~图4-14）。

（1）地安门大街节点中复建的约30米长的皇城墙，强调了公园的历史文化内涵。

（2）五四大街节点以"翻开历史新的一页"为主题的现代雕塑建于广场上，成为公园标志性景观之一。

（3）东安门大街节点的2处露天下沉广场以展示皇城墙遗址为核心景观。

（4）南入口节点原本单调的空间因为设置了嵌有镂空的北京皇城地图的天然巨石景点而变得丰富，成为公园点睛之笔。

总体而言，公园中西合璧，既有皇城墙的遗址、传统置石、四合院，也有喷泉、跌水、广场、树阵等西式元素，绿化种植也是以自然式和规则式手法相结合，成为皇城脚下的一道亮丽的风景线（图4-15、图4-16）。

4.1.4　明城墙的简洁素雅

明城墙遗址公园北临北京站，南临崇文门东大街，东至东二环，西至崇文门，城墙全长约1540米，占地面积约为15.4万平方米。把现存的明城墙与全国重点文物保护单位——北京东南脚楼连城一片，还与现代的带状绿地、避灾绿地相互融合，体现了一个现代城市注重生态环境、人文环境、古都风貌的思想。明城墙遗址公园以保护城墙为出发点，展示城墙的真实面貌为目的。城墙遗址是公园的核心景观，其余园林空间主要是植物景观，大面积的草坪、树木、花卉掩映其中，给城墙提供了一个最自然的环境。园路的线形布置、植物配置等各方面都力求简洁，使环境静静的映衬着古城墙，使古城墙的历史沧桑很好地展现在世人面前，而不是刻意为旅游制造人工看点。依托遗址背景的开放空间内，形成体验老北京文化娱乐活动的休闲区，在此可以唱戏、听戏、遛鸟、晨练等，这些正是开放性、公共性、公众性和休闲性的体现（图4-17~图4-19）。

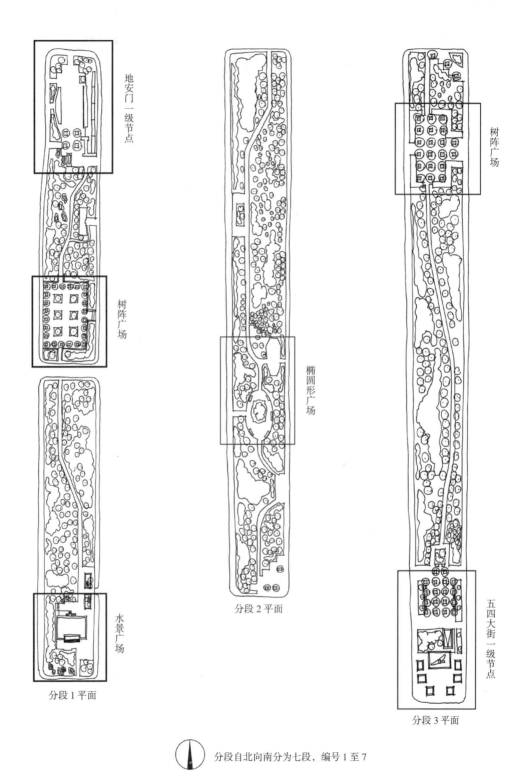

地安门一级节点

树阵广场

水景广场

分段 1 平面

椭圆形广场

分段 2 平面

树阵广场

五四大街一级节点

分段 3 平面

分段自北向南分为七段，编号 1 至 7

图 4-9　皇城根遗址公园平面布局图 1

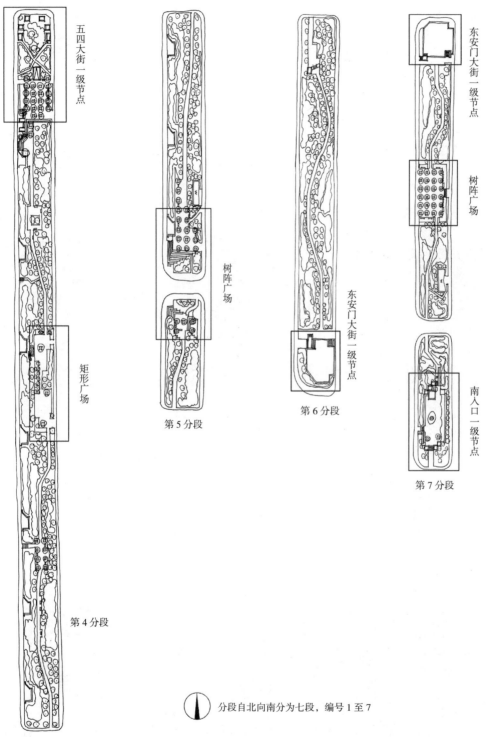

五四大街一级节点

矩形广场

第 4 分段

树阵广场

第 5 分段

东安门大街一级节点

第 6 分段

东安门大街一级节点

树阵广场

南入口一级节点

第 7 分段

分段自北向南分为七段，编号 1 至 7

图 4-10　皇城根遗址公园平面布局图 2

图 4-11　皇城根遗址公园地安门一级节点

图 4-12　皇城根遗址公园五四大街一级节点

图 4-13　皇城根遗址公园东安门大街一级节点

图 4-14　皇城根遗址公园南入口一级节点

图 4-15　皇城根遗址公园内自然式植物群落

图 4-16　皇城根遗址公园内的树阵广场

明城墙遗址公园平面图

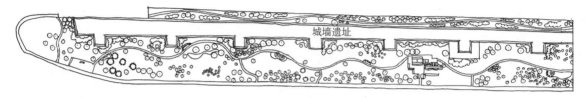

城墙遗址

西段放大平面图

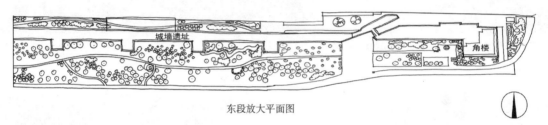

城墙遗址

角楼

东段放大平面图

图4-17 明城墙遗址公园平面图

图4-18 明城墙遗址公园全景鸟瞰

图 4-19　明城墙遗址公园中游憩活动

4.1.5　菖蒲河的精美秀丽

　　菖蒲河公园以河道为核心，沿河岸两侧采用自然线形进行空间划分，无论是在绿地范围还是在亲水平台的线形划分上都是采用自然流线，除局部的小型集散广场外尽量避免生硬的几何线形出现，强调了传统园林中小块组团的设计手法，行进路线蜿蜒曲折，富于变化，突出了境随景移、移步异景的传统理念（图 4-20）。此外，在种植设计方面，按照中国传统的植物造景手法进行绿化，终年花木更替，四季分明。在景点处理上承袭了自然山水园的造景手法，讲究园林"意境"的营造，将诗情画意写入园林，如"东苑小筑"一景，其背景是欧美同学会的灰墙，通过"障景"这一传统园林景观处理手法的运用，减弱了高墙的压迫感和单调感，使东入口的空间活跃了起来（图 4-21、图 4-22）。"天光云影"位于东苑小筑西侧，是"借景"这一古典园林造景手法的体现，借助河面开阔的视线优势将园内其他位置的美景引入该景区（图 4-23）。"五岳独尊"景点是一处传统"置石"景观，以红墙为背景通过灵璧石的设置来构建园林景点（图 4-24），等等。此外，园内建筑均采用古典建筑样式，雕梁画栋、回廊、垂花门等传统元素一应俱全。

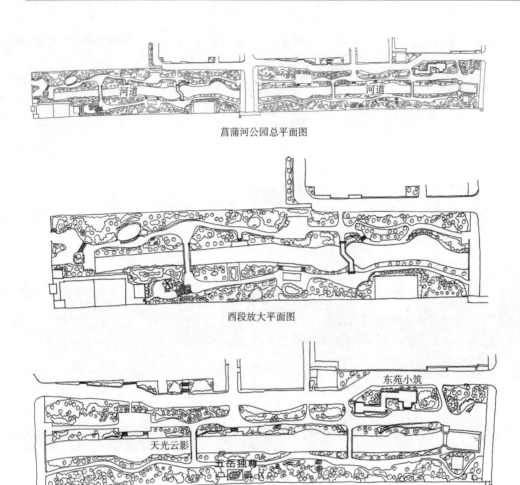

河道

河道

菖蒲河公园总平面图

西段放大平面图

东苑小筑

天光云影

五岳独尊

东段放大平面图

图 4-20　菖蒲河公园平面图

图 4-21　菖蒲河公园东苑小筑景区

图 4-22　菖蒲河公园东苑小筑景廊

图 4-23　菖蒲河公园天光云影景区

图4-24　菖蒲河公园五岳独尊景区

概言之，菖蒲河公园传承了皇城的历史文脉。采用传统的造园手法重点处理了河道与公园、公园与历史文化保护区、公园环境与周边历史环境间的关系，勾勒出清晰的明清皇城边界。建设中十分重视现有胡同的肌理的保持，使公园、新建筑和周边的文物古迹融合成一个有机整体。突出了河道的传统环境特色，以绿化公园的形式再现历史环境，恢复水面，体现水景和自然野趣。

4.1.6　元大都的大气磅礴

元大都城垣遗址公园整体布局开敞、结构清晰，空间划分上显现出很强的几何线性感，具有典型西式公园带状空间模式。公园由三条主线和六个重要节点组成。3条主线是城墙遗址一条线、绿化景观一条线和历史文化一条线。六个重要节点包括蓟门烟树、大都建典、双都巡幸、古城新韵、大都盛典、龙泽鱼跃。小月河将公园分为南北两部分，南部是土城保护区，主要以植物景观为主，少量现代景观要素穿插其中，形成一条美丽的城市绿带；北部为园林景点集中建设区，喷泉、跌水、广场、雕塑、凉亭等设置其中。"线"与"面"有机结合，形成有序的串联式结构，景点设计因地制宜，穿插其中，使公园很好地融合到城市环境中（图4-25～图4-27）。

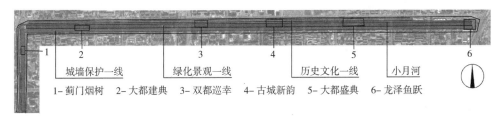

城墙保护一线　绿化景观一线　历史文化一线　小月河

1- 蓟门烟树　2- 大都建典　3- 双都巡幸　4- 古城新韵　5- 大都盛典　6- 龙泽鱼跃

图 4-25　元大都城垣遗址公园景观结构分析图

图 4-26　元大都城垣遗址公园大都盛典景区

图 4-27　元大都城垣遗址公园龙泽鱼跃景区

4.2 遗址的处理手法

与普通的城市公园相比，遗址公园中包含了宝贵的历史文化遗址，因此在城市遗址公园的建设中既要考虑到这些遗址的保护和利用，又要兼顾到城市公园建设的需求。公园内的景观设置和遗址的保护利用是相辅相成的，在遗址保存完好的区域内应当以遗址为主体进行景观创作和建设；在遗址损毁严重甚至荡然无存的区域内就应当考虑与遗址文化相关的其他主题进行设计和建设，或者借景于周边环境。

现在，随着文化的进步和保护意识及技术的提高，我们已经改变了过去那种重保护轻利用的保守对待遗址的态度。不再把遗址视为"死"的古董，而是看作"活"的文物，采取各种手段和方式发掘遗址所蕴含的资源，以求在保护的基础上更好地为人服务。

遗址保存程度是制约遗址与公园的结合方式的主要因素。保存较为完整的遗址，可以将其作为公园内的表现主体，其他的景观元素尽量简单，突出遗址的主体地位，如明城墙遗址公园和元大都遗址公园；破坏较为严重的，则要适当的修复，甚至局部重构，形成景观主体，如皇城根遗址公园、菖蒲河和团河行宫遗址公园；若主体缺失，仅有残留，应进行局部挖掘，将其作为公园景点的核心，如圆明园遗址公园；在遗址完全消失的区域中，提取遗址要素，构建遗址空间区域，作为公园内容的一部分，圆明园遗址公园中的部分区域就是这一类型的遗址空间。

4.2.1 保留或保护原址并加以利用

在明城墙遗址公园中，将遗址作为公园内的表现主体，突出遗址的主体地位。建设过程中保留了原有城墙，并严格按照"修旧如旧"的原则，在局部毁坏严重地段进行修复，尽力避免对城墙过分修饰。同时按照"原真性"原则，将城墙在各时代的使用痕迹都保留了下来，如自然风化、破坏、房梁落点处人造的缺口、城墙过去作为住宅的墙壁时的抹灰痕迹等，最大限度地保留了城墙原始样貌（图4-28、图4-29）。

始建于1436年（明正统元年）的东南角楼是明城墙遗址内的另一大亮点，它位于城墙遗址的东部，是历史上北京内城东南转角处的箭楼。该角楼建在城墙外缘的方形基座上，高约30米，其东、西、南三面共有144个射箭用的窗口，是古代用于军事防御的建筑（图4-30）。

马道即登城用的斜坡道，一般是"疆碟"式路面，呈"八"字形或倒"八"字形的结构，平行连接在城垣的内侧。在1988年修复时，为了便于使用改为了台阶式路面。此外，在距离角楼百米外的城墙顶部，局部保存了夹杆石的遗址，夹杆石是清朝军队用于插旗的基石（图4-31、图4-32）。

图 4-28　沧桑古朴的明城墙遗址

图 4-29　修旧如旧的明城墙遗址

图 4-30　明城墙遗址公园东南角楼

图 4-31　明城墙遗址马道

图 4-32　明城墙遗址上的插旗石基

　　根据历史资料，1988 年在夹杆石东西两侧还重建了两座铺舍，是明清两代守卫在城墙上的军人们执勤时使用的房屋。当时城墙顶端常常建设这些铺舍以及储藏火药的房屋，建筑样式为双向坡屋顶，一般设有 3 个房间，两暗一明，房间内两侧靠墙位置设置土炕一个，提供休息所需（图 4-33）。

　　这些遗址无论完好、残缺或是重建，都是中国人民百年来饱受屈辱和奋力反抗的历史见证和真实记录，其价值无可替代，因此在保留保护的基础上加以利用是最为理想的处理手法。

　　元大都作为都城北京崛起和发展的见证物，距今已有七百多年的历史，元大都城垣是市区范围内历史最久远的大型遗址群，元大都所创立的中轴线在现代北京城市规划中依然具有重要意义，影响着整体城市结构发展的独特性。在"人文奥运、绿色奥运"理念的指导下，元大都城垣于 2003 年被建设成为遗址公园，在遗址破坏严重的区域，在遗址周边进行补充性的景观设计，重在展示遗址的文化内涵；在遗址保留较好的区域，结合现代景观设计，突出遗址的主体地位；在遗址消失殆尽的区域，进行抢救修复等工作，突出地下遗址的展示，并对重要节点进行了适当的复原性建设（图 4-34、图 4-35）。

图 4-33　明城墙遗址上重建的铺设

图 4-34　元大都土城垣遗址

图 4-35　局部重建的元大都城垣

　　此外，在遗址保护范围内，为了避免游人对土城垣的踩踏，在遗址周边修筑了观景平台、木栈道、石台阶等游览设施，并在游客量大的区域进行了必要的围挡，将活动场地、道路等尽量移出保护范围，减少了人为破坏现象的出现（图 4-36）。为了防止风化、水土流失等自然现象对土城的破坏，在原有绿化基础上进行了大面积的植草种树等绿化行为，既丰富了植物景观又保护了土城垣。同时，还大规模地清除了违章建筑、去除杂乱植物群落以及墙体的修补，将土城遗迹的面貌在通透的植物衬托下清晰地展示出来。作为护城河的小月河也是遗址保护的主体之一，在保护范围内不做过多的修饰，保持了原有的直线形态（图 4-37），只在北土城的部分河面上设置了样式各异、材质丰富的桥梁，既美化了环境又方便了游人的穿行和观赏小月河两岸的诱人景色。

图 4-36　复建的元大都城垣上的观景平台

图 4-37　小月河的沿岸风光

4.2.2　修复与重建

在遗址破坏较严重的区域，为了使遗址成为景观主体，则要进行适当的修复或局部重构，如皇城根遗址公园、菖蒲河和团河行宫遗址公园。

皇城根遗址公园内的古皇城遗址早已完全破坏，本体遗址无迹可寻，但是为了体现出皇城的特质，在公园的北端入口区域，重新修建了一段 30 米长的皇城墙，旨在标记原来皇城的位置，又是对历史文化的体现，同时起到了扣题点睛的效果（图 4–38）。

菖蒲河公园以历史水系菖蒲河和皇城城墙为依托，在建设中不仅菖蒲河被修复还原，皇城墙也被粉刷一新，并且复建了皇城南墙，成为"红墙怀古"景点的背景，将重建的遗址景观跟公园的环境有机地结合在了一起，突出了遗址景观的文化内涵（图 4–39）。

团河行宫遗址公园对几处典型代表性建筑及周边小景区在考古发掘和史料考证的基础上进行了复建，如御碑亭、翠润轩及东西两侧的木桥、抱厦房、云随亭等，局部恢复皇家行宫的风貌（图 4–40）。

图 4–38　重建的皇城城墙

图 4-39　重建后的历史水系菖蒲河

图 4-40　修复后的御碑亭

4.2.3　局部发掘成为核心看点

在皇城根遗址公园内有 4 处古遗址：（1）发现了明皇城水系遗址；（2）公园中部的埋藏于地下的东安门地下基础；（3）挖掘于公园南端的明朝街区路面；（4）北部发现城墙基础遗址。另外，在公园内还保留了一座民国时期的四合院（1920 年建成，为北京市文保单位）。

"东安门节点"景观是集中反应皇城遗址的关键区域，当初的设计初衷是重建东安门的遗址，可是考虑到与现在的交通有着太大的矛盾，所以未能实施。最终采用的遗址展示方式是以发掘出的明城门基础作为展示内容，以下沉广场的形式作为展示空间。站在遗址广场上东望王府井大街，西望故宫东华门，此处成为历史与现代的交汇处（图 4-41）。

在圆明园遗址公园中，别有洞天、万安方和、平湖秋月、大水法等遗址景点（详见 4.3.1 圆明园遗址景观）也是采用的这种展示方式，以现实的残像来供今人凭吊。

图 4-41　皇城根遗址公园中局部挖掘的东安门遗址

4.2.4 成为公园内容的一部分

在圆明园遗址公园中完全被毁、已看不出原有遗迹的遗址空间已经和公园中其周围环境融为了一体，如曲院风荷、山高水长、藻园、茹古涵今、洞天深处、长春仙馆、正大光明等（详见 4.3.1 圆明园遗址景观）。只保留了原有的场地空间范围，作为一种展示场所精神的景观区域，已经成为公园中不可割舍的遗址展示空间。

4.3 园林景观特色

北京城市遗址公园作为城市公园体系的一部分，在保护遗址的同时，还要结合城市绿地及旅游功能，能够从多个方面更好地对城市整体形象进行提升，成为具有特定历史文化氛围的公共开放绿地，并具备教育、科研、观光、娱乐等功能中的一种或多种职能于一体的公园类型，是城市及区域内绿地系统的重要组成部分。这说明在公园景观的建设中要通过遗址景观来展示历史和传承文脉，通过人工景观给市民提供休闲休憩和精神寄托的场所，通过植物景观建立起和城市其他绿地共同构成的整个城市的园林绿地系统，保护城市生态环境。这些园林景观不仅成为了遗址公园的主要空间构成要素，也是遗址公园园林特色所在。

4.3.1 遗址景观

遗址公园，顾名思义就是以遗址为核心的公园，遗址景观自然成为了公园园林景观中的重点和亮点，是公园景观轴线的主轴线，是景观体系中的重中之重，更是区别于其他公园园林景观的特色所在。其中，又以圆明园遗址公园中的遗址景观数量最为众多、内容最为丰富。其他几所公园中的遗址景观也各具特色、韵味十足。

圆明园是闻名世界的"万园之园"，遗址景观可以说是圆明园的"灵魂"，是圆明园整体景观体系的骨和肉，从数量到内容的丰富程度是其他遗址公园所不能岂及的。有关圆明园遗址景观的研究，多年来专家学者们研究积累了丰硕的成果。根据前文的资料研究、白日新先生所绘的道光咸丰时期圆明园三园盛时总图、金勋先生所绘的圆明园总图、《日下旧闻考》等史料，以及现场调研景点为基础，将圆明园遗址景观现状总结如（表 4-1，图 4-42）：遗址景观共85 处，其中圆明园 48 处，长春园 21 处，绮春园 16 处。可分为三类，第一类实体类遗址是指仍存留有实体遗址的共 41 处景观区域，这些区域通过现实的遗址景象展示遗址风貌，引人遐想（图 4-43~ 图 4-70）；第二类空间类遗址是指完全被毁、已看不出原有遗迹的景观区域，共有 36 处，只保留了原有的空间范围，作为一种场所精神的景观区域（图 4-71~ 图 4-73）；第三类复建类遗址是指在原址上依据原样进行修复建设而成的景观区域，共有 8 处（图 4-74~ 图 4-77）。

圆明园遗址景观列表
表 4-1

类型	圆明园（48 处）	长春园（21 处）	绮春园（16 处）
实体遗址类（41 处）	别有洞天、万安方和、平湖秋月、藏秘楼、接秀山房、广育宫、蓬岛瑶台、坦坦荡荡、杏花春馆、上下天光、慈云普护、碧桐书院、天然图画、镂月开云、方壶胜境、夹镜鸣琴、澡身浴德、三潭印月、紫碧山房、舍卫城、九孔桥（21 处）	西洋楼、海晏堂、方外观、万花阵、偕奇园、含经堂、淳化轩、蕴真斋、思永斋、玉玲珑馆、倩园、海岳开襟、法慧寺、保香寺、泽兰堂、狮子林、鉴园、如园、澹怀堂（19 处）	残桥（1 处）
空间遗址类（36 处）	湖山在望、南屏晚钟、九州清晏、廓然大公、涵虚朗鉴、天宇空明、北远山村、鱼跃鸢飞、多稼如云、鸿慈永祜、汇芳书院、西峰秀色、濂溪乐处、日天琳宇、月地云居、武陵春色、映水兰香、淡泊宁静、坐石临流、曲院风荷、山高水长、藻园、茹古涵今、洞天深处、长春仙馆、正大光明（26 处）		春泽斋、生冬室、展诗应律、庄严法界、四宜书屋、凤鳞州、绿满轩、畅和堂、河神庙、点景房（10 处）
遗址复建类（8 处）	瀛海仙山（1 处）	宫门、长春桥（2 处）	宫门、迎晖殿、鉴碧亭、浩然亭、正觉寺（5 处）

团河行宫遗址公园中的遗址景观展示与圆明园有些相似，但是没有圆明园的发掘、建设、保护力度大。园中只对几处典型代表性建筑及周边小景区在考古发掘和史料考证的基础上进行了复建，如御碑亭、润翠轩及东西两侧的木桥、云随亭、抱厦房等。此外，园内还完整保留了原有的东西两湖的格局，只对驳岸进行了堆砌修缮，虽然湖中水体已经完全干涸，但湖岸上垂柳成荫、假山突兀、四周土山之上花木繁茂、古柏森森，万绿丛中掩映着一座座亭、台、楼、阁，向世人展现出当年皇家行宫的美轮美奂。未被复原的遗址景观则按照自然状态展示于公园中，园中很多遗址构建物都未作任何保护处理，自然地散置于湖岸沿线（图 4-78~ 图 4-83）。园中景观显得有点残旧和荒凉，但是正因如此，却强烈地突出了团河行宫遗址景观的核心位置，使人更好地感受到遗址景观的视觉冲击力，平添了公园的自然原野气息，身临其中仿佛可以感受到当年皇家狩猎场的氛围，这正是遗址景观所要传达的信息。

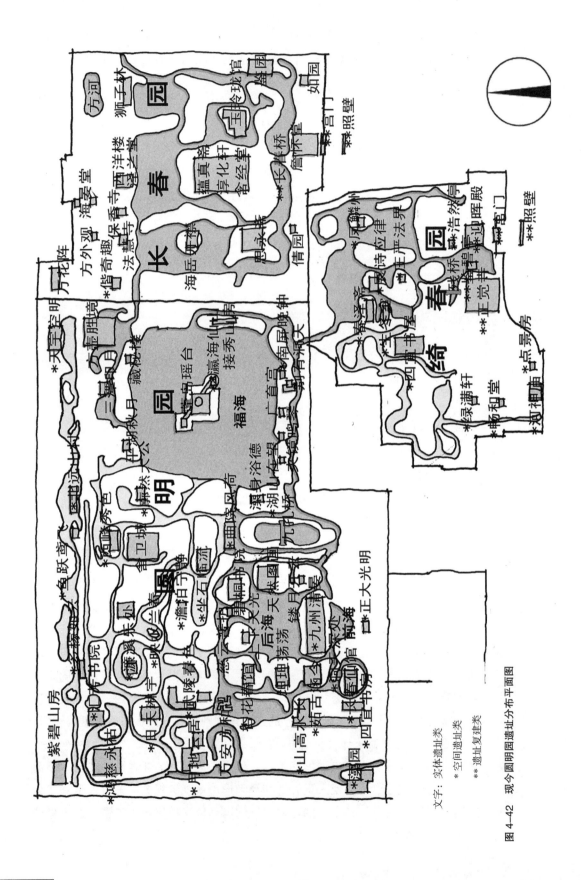

图4-42　现今圆明园遗址分布平面图

文字：实体遗址类
*空间遗址类
**遗址复建类

图 4-43　万安方和

图 4-44　平湖秋月

图 4-45　藏秘楼

图 4-46　接秀山房

图 4-47 广育宫

图 4-48 蓬岛瑶台

图 4-49　坦坦荡荡

图 4-50　杏花春馆

图 4-51　天然图画

图 4-52　镂月开云

图 4-53　夹镜鸣琴

图 4-54　九孔桥

图 4-55　大水法

图 4-56　方外观

图 4-57　观水法

图 4-58　海晏堂

图 4-59 海晏堂蓄水池

图 4-60 谐趣园

图 4-61　养雀笼

图 4-62　万花阵迷宫

图 4-63　万花阵石亭

图 4-64　五竹亭

图 4-65　线法山

图 4-66　含经堂、淳化轩、蕴真斋

图 4-67　倩园

图4-68　海岳开襟

图 4-69　狮子林

图 4-70　残桥

图 4-71　涵虚朗鉴

图 4-72　曲院风荷

图 4-73　凤麟洲

图 4-74　绮春园宫门

图4-75　长春桥

图4-76　鉴碧亭

图 4-77　浩然亭

图 4-78　团河行宫御碑亭

图 4-79　团河行宫润翠轩及木桥

图 4-80　团河行宫抱厦房

图 4-81　团河行宫石桥

图 4-82　团河行宫云随亭

图 4-83　团河行宫中散落的遗址基石

　　皇城根公园内的"东安门广场"是借助已经挖掘出的明代皇城的地基遗址——"东安门遗址"，建设出下沉广场对主题遗址景观进行展示。其下沉高度参照了皇城地基的高度，雕塑"金石图"是广场视线的交点，周边建设叠水、涌泉等环绕，寓意北京是华北平原上的一颗明珠。公园北入口位置的遗址景观，就选择了复建30 米长的皇城墙。真正的那段古城墙早已消失了，现在的城墙是根据文献记载建设的一段标志性的墙体。借助青松掩映和绿草衬托，这段红墙金瓦的城墙在阳光的照射下显得尤为古朴和威严，缓缓消失的残垣形式，更增加了些许让人们在历史与现实中去追寻它过去的沧桑感。很好地迎合了公园要保护并展示遗址的理念（图 4-84、图 4-85）。

　　明城墙遗址公园内的核心景观是以"古城墙"遗址构建的景观，一共包括三个节点——老树明墙、残垣漫步、古楼新韵。公园南侧的西段部分的城墙保护情况较好，结合现有的古树，构成了老树明墙的景点。东段部分的城墙遗址，只保留下 0.8 米到 1.6 米的高度，在此设立了残垣漫步的景点。保留较好的东便门角楼区域，依托角楼当做空间背景，可以听戏、晨练、遛鸟、唱戏，形成感受老北京民间传统文化的空间，这就是古楼新韵的景点。"明墙"、"残垣"、"古楼"，从名称到内涵都是与城墙息息相关、紧密结合的，在景观处理手法上力求简单朴实，更好地衬托城墙遗址，营造出古朴沧桑的环境氛围，突出了城墙的核心景观地位（图 4-86~ 图 4-91）。

图4-84　皇城根遗址公园东安门遗址广场

图4-85　皇城根遗址公园东安门遗址

图 4-86　老树明墙 1

图 4-87　老树明墙 2

图 4-88　残垣漫步 1

图 4-89　残垣漫步 2

图 4-90　古楼新韵 1

图 4-91　古楼新韵 2

　　菖蒲河公园中的"红墙怀古"景观，是标志性的皇城特色景观，该景点以红墙金瓦为背景，墙下放置一块宽 6 米、长 11.4 米的墨玉石巨型古砚，云海飞龙的图案遍布古砚之上，砚池内泉水涌动，此外王羲之的《兰亭集序》也被雕刻在了砚台前广场的广场上，人们在此可以感受浓郁的文化氛围。东边的五岳独尊景观也是以红墙为背景，在正对河岸北侧的东苑戏楼小巷的轴线的位置上，放置了体量硕大，重达 60 吨的巨石作为对景，山脉流畅于石块上，气势雄浑、巍峨险兀、层峦叠嶂如泰山，故取名为五岳独尊。以四大名石之一——灵璧石来建设园林景观，在古代的园林中是十分罕见的，体现出当代造园技术的精湛，造园工艺的飞速发展。围绕着巨石主题，通过环植翠竹以及低矮的造型松树，远望郁葱一片。衬托出的山石黝黑如墨、温婉如玉、声响如钟的特色，其旁边配置在左右的各一块的小山石，给人以山势连绵不尽的感受，宛若天成，对城墙很好地起到了烘托的作用。这些遗址景观体现出强烈的历史名城风貌以及地域文化特色，展现出皇城红墙的美感和文化旨趣（图 4-92、图 4-93）。

　　此外，元大都城垣遗址公园内的"城垣怀古"也是以城墙遗址为核心景观，城垣怀古是西土城区域内的第一个节点，现在这一节点是通过土城遗址、护城河以及周边的场地共同组成的，现在公园里还有 1985 年开始整治遗址公园时所建的碑亭和石碑，未建设大型设施和场地，简单而朴素（图 4-94）。

4.3.2　历史景观

　　在遗址公园的园林景观中除了公园内遗留的遗址景观外还有一类园林景观是跟公园的历史渊源相关联，这就是历史景观。历史景观可以分为以历史遗存为主题的园林景观和以历史典故为主题而创作的园林景观。

4.3.2.1　以历史遗存为主题的园林景观

　　历史遗存是级别较低的历史遗迹，与主体遗址紧密相连。在明城墙遗址公园内的火车券洞正是这样的历史遗存景观。该券洞位于和东南角楼相连的西侧城墙上，建于 1915 年 6 月，当时是为了修建"京师环城铁路"在最靠近角楼的城墙上开了一个高 8.2 米、宽 9.2 米的券洞改建而成的，这一券洞成为了唯一与京师环城铁路有关的历史见证物（图 4-95）。

　　此外，在明城墙遗址公园内还保留了京奉铁路的第一座信号所，位于城墙中西部的南侧。这座两层小楼见证了京奉铁路于 1912 年全线建成通车至今约 100 年的历史变迁，信号所的大部分设施都保持了当年的原貌。在保护建筑外观的基础上，信号所现在已被改造成为一处茶餐厅，其南侧的场地中保留了京奉铁路正阳门到东便门的一段铁轨，并且一直安放在当初挖掘的原址上作为展示（图 4-96）。

　　在元大都城垣遗址公园内也有除护城河、城垣以外的相关历史遗迹和文化典故，如元代的水闸、水关遗址、建筑柱础，还有因乾隆皇帝的眷顾而在此亲笔题写的"蓟门烟树"碑等历史残存遗迹，在公园中都被很好地保护并展示出来（图 4-97、图 4-98）。这些历史残存是其所在地域的历史经历的见证，为世人讲述场地的故事，其所传达出的信息比人工小品更具文化性和说服力。

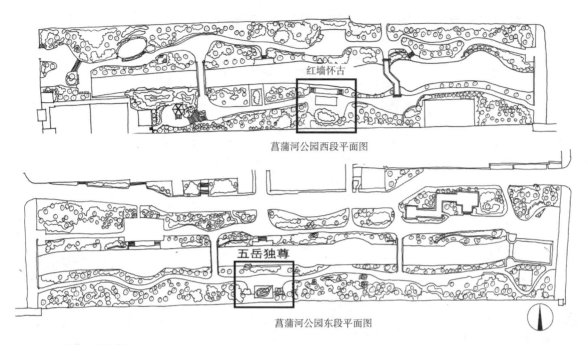

菖蒲河公园西段平面图

菖蒲河公园东段平面图

图 4-92　菖蒲河遗址景观平面图

图 4-93　五岳独尊景区

图 4-94　元大都城垣遗址公园城垣怀古

图 4-95 明城墙遗址上的火车券洞

图 4-96 明城墙遗址南侧的信号所

图 4-97　元代水关遗址

图 4-98　蓟门烟树

4.3.2.2　以历史典故为主题的园林景观

每个遗址公园中的遗址都具有丰富的文化内涵,有些有遗址实体被保存至今,如蓟门烟树碑。而更多与遗址相关的实体却早已消失殆尽,只是文化旧址还在,成了公园景观营造的典故来源,是对公园内遗址曾有的历史和文化的再现。

菖蒲河以北与皇城西苑相对的区域曾经是一处以水景著称,富于天然情趣的皇家园林,被称之为"东苑"。据史料记载,宫殿楼阁、厅堂亭榭遍布东苑之内,其中最有名的是普胜寺和普渡寺,普胜寺在明朝时称作崇质宫,是软禁过明英宗的宫室,现在成为了欧美同学会;普渡寺在明朝时称作重华宫,遗址被保留至今。在现在的菖蒲河公园内,明代"东苑"的大部分建筑都已不复存在,只能确定其大概原始位置,还有一些故址则完全不是在文物考证的基础上进行的重建,如天妃闸、牛郎桥和东苑小筑等,称为"新建"更为确切(图4-99)。

凌虚飞虹取材自明朝的东苑凌虚亭以及飞虹桥,取其隐喻,在菖蒲河的南岸西侧,堆筑而成的高耸土山上面,构建了剪边琉璃瓦顶的亭子一座,成了俯瞰全园胜景的致高处,冠名"凌虚"。围绕这座凌虚亭的周围,在红墙北侧的土丘上面,增植了树冠宽大的西安刺柏、翠竹、银杏,成为衬托六角亭的翠绿背景墙。枝叶雄劲有力、树干笔直的油松,依亭而植,更显示出其高雅的品位。同时削弱了由于遗留建筑物的体量较大而对公园空间产生的压抑感。登亭远望,可看松梢间的云雾穿梭,可看耸立的天安门楼。亭下土丘上面,植铺地柏等树、花、竹,从远处观望,全部山林莽苍有力,青翠可人,遮阳蔽日,仿佛置身山野之中。亭子西边建有半地下的水净化间,全被砌石所隐蔽,经过净化的水在石间缓缓落下,山以水为脉,有水则活;水借山为面,因山而媚。此外,还有拱高3米多的汉白玉砌造而成的石桥跨在两岸间,名曰飞虹。山水相依、飞虹秀美,结合着种植在石隙泉流间的华山松、铺地柏、油松,意境如康熙所赋诗:云卷千松色,泉如万籁吟,是对这些典故的完美诠释(图4-100)。

"东苑小筑"位于欧美同学会白墙南边,是用"障景"手法来对东入口空间的进行活跃,减弱了公园高墙压迫感以及被河道所断的不利因素,同时还延续了历史的文脉,重建了明清时东苑的旧址位置所在处的景观建筑。建筑的形式师法于古典园林建筑,平面形式回环曲折,立面样式高低错落,建筑周围载有高大的丁香、牡丹、木槿、玉兰等传统园林花木,使亭廊内的空间时而开敞,有时幽闭,人于亭中可远眺天妃池,隔岸的菖蒲河中夏天荷花盛开,清风徐来浮动阵阵荷香,营造出香远益清的清幽园林意境(图4-101、图4-102)。

"天妃闸影"充分体现出当代人对历史的猜想,古时天妃闸是菖蒲河于御河的分水口,如今以口衔铜制闸板的两个龙头再现了这一分水口的历史样貌,构成了庄严而古朴的园林景观(图4-103、图4-104)。

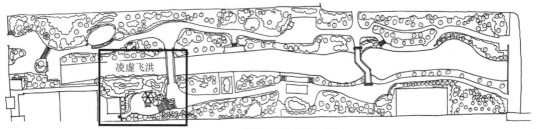

菖蒲河公园西段平面图

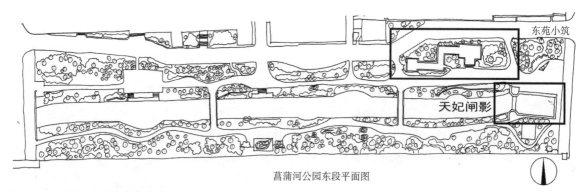

菖蒲河公园东段平面图

图4-99 菖蒲河公园历史景观平面图

图4-100 凌虚飞虹景区

图 4-101　东苑小筑全景

图 4-102　东苑小筑景廊

图 4-103　天妃闸影

图 4-104　天妃闸影闸口

4.3.3　人文景观

在遗址公园的园林景观中除了遗址景观和历史景观这些以遗址形体作为展示内容的园林景观外，还有一类与遗址历史有关的园林景观，这就是人文景观。人文景观是以遗址所蕴含的文化内涵为来源，借助现代园林创作手法及技术所营造出的园林景观，突出展示了遗址区域内的历史人文风情。

在历史文化名城北京保护规划中，元大都遗址被列入重点保护与整建项目之中。元大都遗址公园集中展现了元朝的历史文化，并完整保护好了城垣遗址。在元大都公园中除了其园林核心景观——城墙遗址以外，公园内营造出的人文景观更是园林景观的亮点。

元朝文化突出的特色表现在多元性的民族文化、大规模的城市建设、融合性的宗教文化等角度，这些内容在公园人文景观的构建中都得到了恰当的表现，使元大都城垣遗址公园成为了一座内容丰富的大型"露天艺术博物馆"。

"大都建典"景区向人们展示的是大都建都盛典的恢宏场面，反映的是北京正式成为国都这一历史事件。其主体是一组由花岗岩雕刻而成的高 8.5 米、长 82 米的主题雕塑群。乘坐着象辇战车的元世祖忽必烈是整组雕塑的核心，陪伴其左右的是助其开拓大都城的文武百官，其中特别在雕塑群的西侧突出了大都城的设计者——刘秉忠这一人物形象。群雕前是开阔的广场，以便游人驻足观望。再经小月河与北岸的花园文化广场形成一条开敞的轴线，更突出了大都建典的盛大场景（图 4-105、图 4-106）。

"鞍疆盛世"景区主要体现的是元朝的马背民族文化以及其征战天下所取得的辉煌荣耀。该景区以开阔的草坪为主体，以战马群雕为核心，一直延伸到土城垣的边界，通过奔放的线条和粗犷的造型活灵活现地体现出战马奔跑在草原上的历史场景（图 4-107、图 4-108）。

"大都盛典"景区向人们展示的是元代昌盛的国力，通过内容丰富的组雕、巨幅壁画等形式生动地再现了元代在经济、文化、军事、政治、生活、科技上取得的突出成就；以独具魅力的艺术形式展现了北京历史文化的悠久凝重以及民族文化的博大精深，突出了草原文化的豪迈粗犷（图 4-109）。

"安定生辉"景区主要体现的是元代已经逝去的辉煌成就以及和平的重要意义。马鞍、马蹬、残破的战车车轮让我们明白历史是不断发展进步的，无论多么强大的武力帝国都有衰败消失的一天，只能成为历史中的片段，留下的只有残缺的记忆。造型古朴的木亭，暗喻天下太平、国泰民安，坐在亭中可以将周边的美景尽收眼底，感受着这份平和的园林意境，让后人警醒战争的残酷以及对久远历史的缅怀（图 4-110）。

图 4-105　大都建典 1

图 4-106　大都建典 2

图 4-107　安疆盛世 1

图 4-108　安疆盛世 2

图 4-109　大都盛典

图 4-110 安定生辉

"四海宾朋"主要展示的是元代开放交融的城市文化和政治特点。如雕塑——波斯瓷器，造型源自典型的波斯瓷器形状加上瓶子表面的波斯图案，在演绎出浓浓异国风情的同时，暗示出元朝是一个重视对外开放交流的国家；散置在场地上的巨型铜钱雕塑，通过交易过程中铜钱散落在地上这一生动场景的再现，让人感受到元代大都城周围贸易兴盛、经济繁荣的景象；此外箭与盾、大炮等雕塑映射出元朝在军事方面的成就（图4-111、图4-112）。

"元城新象"景区位于城垣遗址的东部，是东部城垣遗址的起点。该景区主要是通过砖砌的城墙造型展示都城城垣当年的风采，并以此标识遗址区域的开始。顶部开辟了场地，满足游人观赏和活动需求（图4-113）。

元朝早期，忽必烈在征服中原的过程中大规模兴建城池。在其首都实行的是双都制度，即中都为首都，上都为陪都，上都的前身是1259年建成的开平府，1263年开平府升格为都城，定名上都，1264年将燕京改为中都后正式确立的双都制度，并于1272年改中都为大都。上都是皇帝避暑、游乐的陪都，整个夏季皇帝都会在此，直到秋天才返回大都。"双都巡幸"景区借助叠水、壁画等形式生动地描绘出皇帝避暑消夏以及返回上都的盛大场面（图4-114）。

"龙泽鱼跃"景区位于公园的最东端，是城区内面积最大的人工湿地，达到了17000多平方米。水葱、鸢尾等水生植物遍布于水面四周，野鸟青蛙栖息其中，配合着水中游动的鸭子以及自然的水潭小溪，呈现出一副充满自然野趣的画面。这是对现代化大都市中人们渴望回归自然的精神需要的满足，是对北京未来美好城市环境的憧憬（图4-115、图4-116）。

元大都城垣遗址公园中的这些人文景观将元朝从建国到鼎盛，从政治到经济、文化、民生等等元时的历史文化巧妙地展示在了今人的眼前，使人遐思无限。

除了元大都城垣遗址公园外，皇城根遗址公园和菖蒲河遗址公园中也不乏人文景观的妙笔之作。

在皇城根遗址公园的东西两侧建筑群中遍布四合院、传统店铺、老字号等，这些胡同和建筑构成了一条传统民居和市井文化相交汇的老北京城市人文风景线。公园内还有形式各异的人文景观，如位于北大红楼的东侧、五四大街北的"五四大街"景区，其核心景观是"翻开历史新的一页"主题雕塑，雕塑与民主广场、北大红楼遥相呼应，象征着近代中国历史起点，体现出强烈的"五四精神"；主题雕塑"对弈"生动地展现了过去老北京皇城根下老百姓生活的场景；此外还有体现时代精神的雕塑——时空对话，雕塑中一位清朝老人手持书卷俯身观摩现代女孩操作笔记本电脑，见不同时空的人与事凝聚于此，反映出"创新"这一时代精神。这些人文景观极好地呼应了这条城市人文风景线的街区属性（图4-117）。

图 4-111 四海宾朋 1

图 4-112　四海宾朋 2

图 4-113　元城新象

图 4-114　双都巡幸

图 4-115　龙泽鱼跃 1·

图 4-116　龙泽鱼跃 2

图 4-117　翻开历史新的一页主题雕塑

4.3.4　植物景观

　　与公园内的遗址景观、历史景观和人文景观这一系列较注重人工痕迹的硬质景观相比，植物景观不仅美化了公园环境，烘托了园林氛围，更重要的是成为城市绿地系统的重要组成部分，满足了城市公园生态功能的需求，也是北京城市遗址公园特色园林艺术的表现形式之一。其中，皇城根遗址公园、明城墙遗址公园、菖蒲河公园、元大都遗址公园这四所城市带状遗址公园对植物景观的营造最具特色。公园内植物种类丰富，种植设计巧妙，树种搭配合理，营造出了特色各异的绿色生态景观长廊。

4.3.4.1　皇城根遗址公园

　　皇城根遗址公园在植物造景过程中以元宝枫、银杏等落叶植物为主景植物，以白皮松、油松等常绿树种为辅，种植方式以自然式为主，以规则的树池手法为辅，共同构成了园内的植物风景主线（图 4-118~ 图 4-120）。

　　（1）植物种类

　　皇城根遗址公园内的植物种类多达 80 余种，以元宝枫、银杏、国槐、紫叶李、油松等大乔木为主基调树种，此外，还种植了 4.4 万余株的灌木，铺设了 4 万平方米的草坪，使公园的整体绿化率达到了 90% 以上。

图 4-118　皇城根遗址公园中层次丰富的植物景观

常绿植物主要有小叶女贞、圆柏、白皮松、龙柏、侧柏、油松、华山松等。

乔木方面，在保留原有国槐、古榆、桑等古树的基础上，补植了多种适应北京生长环境的乔木或小乔木，如碧桃、核桃、寿星桃、绦柳、柿树、玉兰、枣树、紫叶李、山桃、海棠、山杏、龙爪槐等。并在东西两侧沿路种植了银杏、元宝枫、国槐、毛白杨等遮阴效果良好的高大乔木，在炎炎夏日取得了良好的遮阴效果。

花灌木主要有迎春、紫叶小檗、榆叶梅、连翘、猬实、华北珍珠梅、月季、黄刺玫、金钟、太平花、蜡梅、丁香、金银木、棣棠、紫薇、石榴、大叶黄杨、小叶黄杨、沙地柏等常见的种类，四季都可观花赏果，还可以在较长的时间内保持良好的效果。

地被植物主要有可观花观叶的鸢尾、耐阴的玉簪、花色艳丽的大花萱草和一些常见的时令花卉。

（2）特色植物景观

①沿路植物景观

皇城根遗址公园全长 2.8 公里，作为城市中心的带状绿地，其植物景观不仅

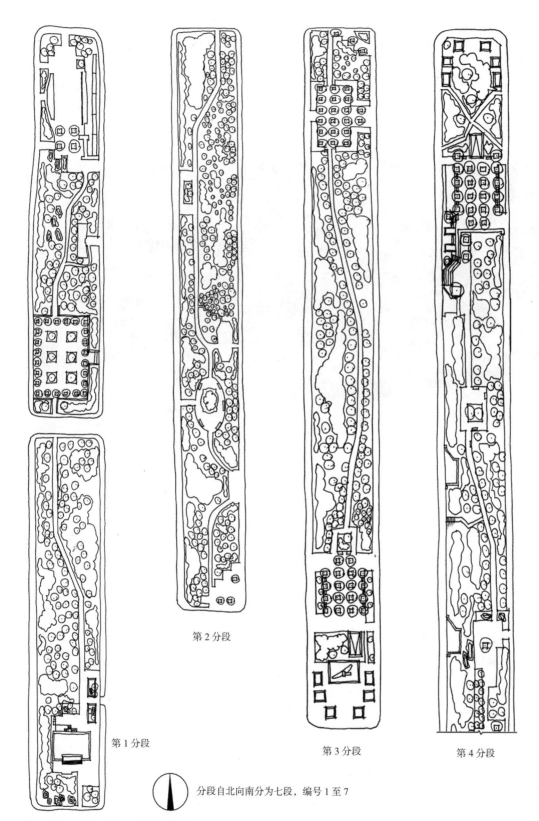

第2分段

第1分段

第3分段

第4分段

分段自北向南分为七段，编号1至7

图4-119　皇城根遗址公园平面图1

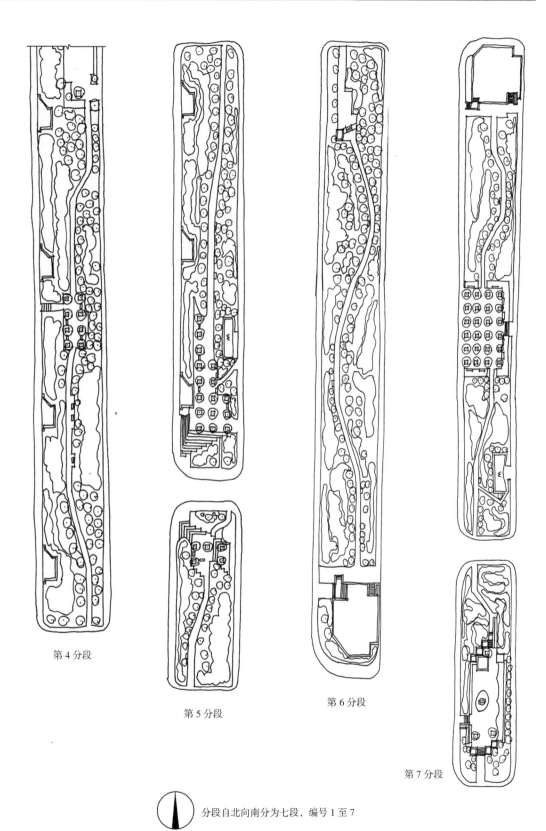

第 4 分段

第 5 分段

第 6 分段

第 7 分段

分段自北向南分为七段，编号 1 至 7

图 4-120　皇城根遗址公园平面图 2

图 4-121　游园步道植物景观

要营造出优美的景观环境还要满足方便道路通行、缓解直白狭长空间所产生的乏味感等功能上的需求，因此种植上时而密集时而疏松，保证道路通行和观景需求的同时很好地结合了园内的广场空间、东西两侧的车行道路、步行道路以及小型林下休息空间的场所，增强了空间的观赏性和趣味性，成为皇城脚下一道亮丽的绿色风景线。

沿路植物景观，以中心步道为主线，以广场为节点贯穿始终，路面平坦但是缺乏变化，多由卵石、青石铺设。因此需要通过步道两侧的植物景观丰富沿道的景观环境。如以银杏为上层空间植物景观、以紫叶李为中景植物、以黄杨等灌木作为下层空间植物景观，高低错落、对比强烈，有效地增强了景深，给人欲扬先抑的视觉感觉。此外，在较为通直的道路，通过密植灌木和小乔木来遮挡游人视线，增强了道路空间的神秘感和趣味性，诱人前行，降低了视觉疲劳和乏味感（图4-121、图4-122）。

②绿化带植物景观

公园在绿化带植物造景中，充分利用了不同植物的季相性和姿态，以自然式种植为主，规则式种植为辅，营造出内容丰富，四季有景的绿化带植物景观，避免了因地形狭长而出现空间单调乏味的劣势。

灵活多变的乔木、灌木、地被植物的组合形式是公园绿化带植物景观的一大

图 4-122　沿街植物景观

　　亮点，主要组合形式有："油松"+"大叶黄杨"+"沙地柏"、"银杏"+"紫叶李"+"玉簪"、"山杏"+"石榴"+"碧桃"+"寿星桃"+"玉簪"、"元宝枫"+"太平花"+"玉簪"、"银杏"+"大叶黄杨"+"玉簪"+"草坪"、"元宝枫"+"侧柏"+"太平花"+"玉簪"、"国槐"+"紫叶李"+"月季"等结合形式。使绿化带的植物景观变化不断、四季有花可观，满足了游人不同时节游园观景需求及移步异景的心理感受。

　　春季观榆叶梅、金银木、太平花、迎春、丁香、棣棠、连翘、黄刺玫、猬实、金钟花等植物花景。夏季观紫薇、月季、石榴、珍珠梅的植物花景。秋季观地被菊的植物花景。冬季还可观蜡梅花景，四季景观色彩纷呈。另外，还种植了矮牵牛、万寿菊、长寿花、波斯菊、一串红等颜色各异的时令花卉，在色彩上进一步丰富了植物景观的可观性，填补了乔灌木花期间的空当。

　　概言之，皇城根遗址公园在绿化带植物景观中形成了乔、灌、地被植物复层混交植物群落结构，以乔木为主景，不仅构成了植物景观的主基调还提供了良好的遮阴效果。灌木主要用于划分和围合空间，使局部园林空间远离城市的喧嚣，地被植物主要起到了丰富色彩、弥补季节空当的作用。这样的景观体系充分利用了场地空间，打破了狭长空间的单调性，使景观进程变化不断，创造出特色化的园林植物景观（图 4-123～图 4-126）。

图 4-123　南入口绿化带植物景观

图 4-124　广场周边绿化带植物景观

图 4-125　北入口广场绿化带植物景观

图 4-126　道路两侧绿化带植物景观

（3）植物景观特点

通过以上的分析研究可以看出，皇城根遗址公园的植物景观主要具有两大特点，第一大特点是植物组合形式灵活多样。通过合理利用不同植物的自身特点，使公园内的植物群落不仅种类丰富而且景观效果纷彩异成，营造出独特的园林植物景观；第二大特点是注重色彩搭配，充分利用植物的季相性营造出四季不同的植物景观。

（4）小结

皇城根遗址公园在植物景观营造中以丰富的植物种类形成了乔、灌、地被植物复层混交植物群落结构，以乔木为主景、以灌木和地被植物为配景，形成了色彩丰富且变化多样的植物群落，美化环境的同时极大地改善了公园的周边环境，增加了公园单位面积的绿化量，体现出特有的皇城文化气息，是一条绿色生态文化休闲廊道。

4.3.4.2　明城墙遗址公园

明城墙遗址公园总面积 12.2 公顷，绿地覆盖面积 108580 平方米，绿地覆盖率 89%。保留、保护原有大树是公园植物造景的指导性原则，尽量较少土方工程，只是局部适当垫高了城墙北侧的区域，使该区域高大的乔木成为城墙遗址景观的植物背景。整个公园地形微缓而流畅，乔木、灌木、草坪与城墙相得益彰，烘托出城墙遗址在公园中的核心位置（图 4-127）。

明城墙遗址公园平面图

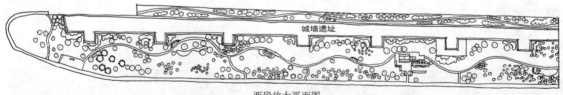

西段放大平面图

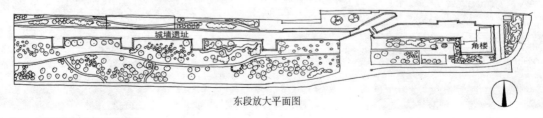

东段放大平面图

图 4-127　明城墙遗址公园平面图

（1）植物种类

现有树种：落叶乔木 25 种，318 株；常绿乔木 2 种，108 株；落叶灌木 13 种，1046 株；常绿灌木 7500 余株，绿篱色带 150 余平方米；宿根花卉、观赏草类近 3000 平方米。其中登记在册的大树包括油松、国槐、刺槐、黄金树、龙爪柳、加杨等 7 个品种，共计 80 余株。

（2）植物景观特色

①重于保护，旨在烘托

苍劲的老树是明城墙遗址古朴沧桑韵味的有力衬托，因此，公园内保留和复建现状所有大树。新增的树木旨在烘托明城墙气氛，多结合现状树品种进行配植。乔木方面主要选择了北京的乡土树种，以国槐为主，辅以油松和银杏。花灌木方面，多选择花色淡雅的树种，以符合城墙古朴的气质，如海棠、山桃、碧桃、山杏、紫薇等。地被植物主要有沙地柏、萱草、马蔺（图 4-128、图 4-129）。

②巧于搭配，四季有景

在一年四季中，公园的植物呈现出不同的色彩，使植物景观层次丰富并充满动感美。海棠、迎春、山桃是春天的主景，鲜花盛开、绿意盎然；浓绿的乔木、开阔的草坪和紫薇构成了夏天的植物主景；色彩斑斓的杨槐、叶色金黄的银杏成为了秋景的看点；葱绿苍劲的油松是冬天里的主要植物景色（图 4-130~ 图 4-133）。

③精于独特，以梅造景

为使明城墙遗址公园植物景观更具独特性，公园中种植了大宫粉、丰后、人面桃花、绿萼、三轮玉蝶、多萼朱砂等 28 个品种，共计 210 株的梅花，形成了京城遗址公园中所独有的春季赏梅胜景（图 4-134）。

（3）小结

200 余株参天的古树使明城墙遗址显得分外古朴壮观，新增加的植物，无论是种类还是种植位置都经过一丝不苟的精心考虑，极好地衬托了公园景致、烘托了公园氛围，使历史遗址与文化内涵在现代人的不断探索和精益求精中永久地保留在古垣佳景之中。

图 4-128　简洁的草坪植物景观 1

图 4-129　简洁的草坪植物景观 2

图 4-130　春意盎然的明城墙遗址公园

图 4-131　夏日浓绿的明城墙遗址公园

图 4-132　秋风瑟瑟的明城墙遗址公园

图 4-133　冬雪皑皑的明城墙遗址公园

图4-134 明城墙遗址公园的梅花节

4.3.4.3 菖蒲河公园

菖蒲河公园的植物景观可分为主景和配景两大类型，分布在滨河植物景观区、北岸园路植物景观区、南岸红墙植物景观区三个区块中，在结合实际地形的基础上合理利用各类植物的色彩、质感、体量、线条等因素营造出富于变化的园林植物景观。其中，作为主景的植物景观重点突出了植物在不同季节里的物候变化，具有极好的生态效应，是公园整体景观体系中的生命元素；作为配景植物景观主要起到协调硬质景观与周边环境的效果，增添建筑等硬质景观的活力，烘托局部园林景观的自然氛围。在三大景观区域中，植物配植随立地条件的差异而不尽相同，各具特色（图 4-135、图 4-136）。

（1）植物种类

菖蒲河公园的绿化率达到了 65%，原有的 60 棵大树被保留在河岸坡地中，此外，新种植了 2 万余株灌木、2 万余株草本及花卉植物、800 多棵乔木以及水生植物和草皮。形成一个以垂柳、草坪、园路、水体为主，以水生植物、亲水平台、滨水小路为辅，较为完整的滨水绿化系统。

（2）植物景观特色

①滨河植物景观

水是中国传统园林的灵魂，水是菖蒲河公园的核心看点，是公园的中轴线，在河岸范围内，通过水面绿化、护坡及驳岸绿化构成了一条较为完善的自然景观体系，这一景观体系可以称之为滨水植物景观带，是公园景观的精华所在。

水面绿化：菖蒲河因古时水面长满菖蒲而得名，为了突出这一历史主题，在现在公园水面植物配置中，主要通过种植菖蒲局部恢复了河道原貌。在河道的弯处或较为狭小的水面区域除种植了菖蒲，还配植了睡莲、水葱、香蒲、千屈菜、芦苇等水生植物，通过各种水生植物季相、色相的变化以及高低错落的造型使水面得到了极大的丰富。此外，钵植法的应用也是水面植物造景的一大特色，即将水生植物植入钵体后再放入河道固定结构中，便于养护和更替，更重要的是保持了河道的整洁（图 4-137）。

护坡及驳岸绿化：在菖蒲河驳岸植物造景中充分地结合了地形的变化，通过坡面草坪、亲水平台以及不同层次地形起伏的有机结合，形成了阶式与斜式的联合体驳岸形式。坡面草坪上，以保留下来的株距不规则的垂柳为主，以散植其间的龙柏、银杏等乔木为辅，形成了滨水景观的上层植被群落；中层植被较少，只有零星种植的红瑞木、碧桃等小乔木；地被植物主要以沙地柏为主，配合的凤尾兰等季节性植物，使相对单一的草坪景观得到丰富。这种将重上层空间和地被空间的种植模式，使植物观景空间具有更好的通透性，游客通过较为开敞的中层空间可以很好的欣赏到对岸的景色（图 4-138）。

②北岸园路植物景观

菖蒲河北岸的空间较为开阔、地势平坦，与北侧的历史建筑群紧密结合，通过设置变化丰富的园路形成了一个相对独立的景观区块。该景观区块分为三个部分，一是北侧与建筑的过渡带；二是中央绿化带；三是南侧的观景小路。中央绿化带宽约 10 米，虽形式多样，却风格统一。该区域以低矮的灌木带为主，主要样式有绿篱式、圆球形两种，以大乔木为点缀。树种有金叶女贞、大叶黄杨、龙柏，金叶女贞和大叶黄杨以条状和块状结合的形式植于场地中，以天门冬、万寿菊作为绿篱的基础栽植加以点缀，使整个绿篱的色彩、层次更加突出。竹丛是这一区域的另一特色植物景观，一般植于绿带中，起到了抑景和分割空间的作用。北岸的西部，绿带与北侧的红墙紧紧相连，不再分割空间，只有中间一条园路作为基本的空间划分，园路北侧是中央绿带演变而来的群落种植，南侧是草坪坡面，道路两侧对植了树体高大的圆柏，形成较封闭幽静的园路空间（图 4-139~ 图 4-141）。

图 4-135　菖蒲河两岸的植物景观

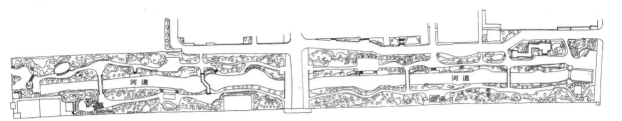

菖蒲河公园总平面图

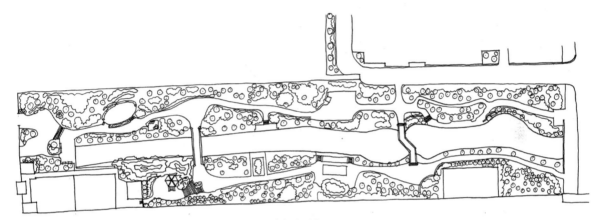

西段放大平面图

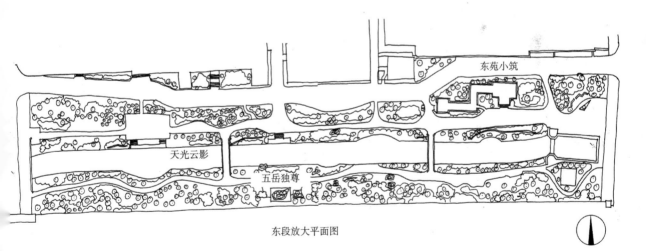

东段放大平面图

图 4-136　菖蒲河公园平面图

图 4-137　菖蒲河水面植物景观

图 4-138　菖蒲河驳岸绿化

图 4-139　菖蒲河北岸园路植物景观

图 4-140　菖蒲河北岸竹丛景观

图 4-141　菖蒲河北岸幽静的游园步道

③南岸红墙植物景观

皇城南墙是公园的南边际线，该景观区域以红墙为背景，但是面积较小，因此，主要利用多层植被混交结构和起伏的地形营造出植物景观的变化性，使植物与红墙有机统一。该区域的植物景观具有三大特点，首先，以绿色为主色调的植物群落，活跃了园区的景观节奏；其次，植物削弱了红墙生硬的线条感，使 500 米长的红墙立面充满变化，不易产生视觉疲劳，使园区景观生动化；第三，绿色植物缓和了皇城的庄严肃穆的环境氛围，使园区内充满了轻松的休闲气息（图 4-142）。

（3）植物造景特点

菖蒲河公园是以具有丰富历史文化内涵的古建筑为背景，以滨河景观为主轴，借助现代技术恢复的具有皇家园林风貌的绿地系统。

①注重四季景观的营造

通过在狭长形的区域内合理布置乔木、灌木、地被植物，使植物在种类、姿态、花期等内容上出现了不同的组合，是植物的色、香、姿、韵特点的合理利用，使公园的植物景观在四个季节中均有看点，呈现出不同的美感，最大限度地发挥了植物自身色彩、形态的物候变化特点，成为公园中重要的生命元素。

②传承历史文脉，复原历史植物景观

菖蒲河公园作为历史上皇家园林"东苑"的所在地，蕴含着丰富的历史文化，为了延续菖蒲河的历史文化，公园在建设过程中，除了恢复河面遍布菖蒲的原始植物风貌以外还保留、保护了原有的植物，将其融入到新建景观中。其中，最为亮眼的是保护在河岸坡地上的 20 余株姿态优美、树龄悠久的垂柳。此外，园中还有香椿、国槐、枣树、刺槐、榆树等树龄近百年的高大乔木，以孤植的手法种植在北岸的开阔地带，增强了园内的历史韵味（图 4-143）。

（4）小结

菖蒲河公园的植物景观以滨水景观为核心，利用植物的色、香、姿、韵等特点，进行了因地制宜的植物选择和种植，体现出了传统园林中移步异景的视觉效果，是将现代城市公园的休闲游憩功能与再现历史文化遗迹相结合的优秀案例。为日后的遗址公园建设，乃至旧城改造等城市建设，提供了植物造景手法以及树种选择的经验。

4.3.4.4　元大都遗址公园

（1）植物种类

元大都城垣遗址公园在植物种类的选择上多选择突出地方特色且适应北京气候、土壤等环境因素的本地树种，以此构成公园植物景观的主景，外来树种多作为配景植物。体量高大的乔木构成了公园植物景观的主框架，如柳树、国槐、油松、榆树、毛白杨、刺槐等。在花灌木方面，多选用便于管理养护、根系较深耐旱性好的植物，这样可以避免因土壤养分不均而出现长势强弱不同对整体景观效果造成不良影响的情况，如园内多选用海棠、大叶黄杨、紫薇、榆叶梅、碧桃、连翘

图 4-142　南红墙植物景观

图 4-143　菖蒲河两岸的古树垂柳

等。在地被植物方面，主要选用固土护坡效果好、耐寒耐旱适应性强的植物，因此，沙地柏被大面积地应用于地被植物群落中。

（2）植物景观特色

①形式多样的配置方式

元大都城垣遗址公园在植物造景中通过合理利用场地地形条件，使整个公园的植物景观层次鲜明突出。公园地势呈南高北低的态势，靠近城垣遗址的区域高差接近3米且坡度较大，可利用的平整土地面积狭小，因此，在这一狭长区域沿路双向种植了连翘和迎春，在保护原有地形不变的情况下还能使人感觉舒适惬意；在坡度较缓的区域主要种植冠形较大的刺槐和国槐，主要目的是在夏天能获得良好的遮阴效果（图4-144）。

公园植物景观在立面设计上着重突出了植物的高低错落和色彩对比，形成多层次组合的效果。枝叶繁茂、挺拔端庄的高大乔木构成了公园植物景观的远景画面，将公园后面的建筑群隔离在了观景视线以外，更好地突出了植物景观的自然环境氛围，同时勾画出了生动的天际线；中景多为季节性开花的中小乔木，在色彩上极大地丰富了植物景观的可观性，同时结合着青翠的灌木和草坪在衬托雕塑等人工景观上取得了极佳的效果（图4-145）。

公园北部的地势较为平坦开阔，通过密植乔灌木形成了色彩丰富、层次分明的特色植物景观群落。其中最为突出的是在中景区域，密集种植了大量四季常绿的、高大挺拔的油松，油松群高低错落，极具自然森林的原始野趣，即使在冬季依然傲雪挺立，成为一大看点，极好地配合了大都城垣遗址的稳重气质，显示出首都北京的厚重与大气。此外，园中大量密植的乔木使林下园路显得宁静而悠远，同时在夏天还能获得良好的遮阴效果，有效地美化了公园环境，优化了公园整体氛围（图4-146、图4-147）。

②植物景观季相分明、色彩丰富

色彩可以改变人对于空间的感受，可以表达出冷和暖以及营造出不同的气氛，很好的应用植物色彩，能够使公园环境化平淡为奇特，使人流连忘返。

绿色是元大都城垣遗址公园的主色调，其他观果、观花等彩叶植物点缀其间。公园内的绿色由于植物种类和季相的不同而呈现出不同的色感、明度，形成一种多色调绿组合而成的主基调，极具观赏性和趣味性，增强了空间的进深感，容易使人获得宁静而柔和的心理感受。此外，由高大乔木构成的植物背景，勾画出边界的轮廓，使景观的天际线柔和而唯美。

公园范围内四季有景可观，"花"是春天的主景。沿河道两侧种植的海棠、连翘，于早春时节开花，一副生机盎然的景象；新芽萌发的垂柳，垂下瀑布般的绿色丝绦，结合着粉红色的海棠花和亮黄的连翘，构成了一副早春新绿的美景，使水岸格外动人。还有榆叶梅，在早春四月以一片粉红的花海迎接世人前来观赏。此外，为了使公园内春季时时有花可赏，公园内还种植了大量的碧桃、山桃和紫薇，这

图 4-144　土城垣保护区植物景观

图4-145　层次丰富的植物群落

图 4-146　小月河北岸植物景观

图 4-147　元大都城垣遗址公园道路植物景观

些植物开花时间不同，使得公园内春天赏花时间得以延续，成为春游赏花的首选佳园（图 4-148 ）。

夏天的元大都城垣遗址公园一片浓绿，郁郁葱葱。大面积种植的野牛草和羊胡子草，成为了绿色的基底；中景中的月季，盛开出粉红和金黄的花朵，加以草花的点缀，打破了单一绿色的沉闷氛围；粉色和白色的荷花也在此时盛开，与水葱和紫红色的千屈菜构成一副艳丽的水景画面；作为背景植物的刺槐和国槐也绽放出雪白的花蕾，在嗅觉上为整体公园环境画上了浓重的一笔（图 4-149 ）。

到了秋季，观果及彩叶植物成为了公园植物景观的主角。金黄色、橘黄色、橘红色等各色树叶挂于树梢、散于地面，呈现出一种丰收的画面，使人获得成熟和收获的心理感受（图 4-150 ）。

常绿植物是构成冬天植物景观的主体。墨绿色的松柏，顺理成章地成了冬天时节绿色的基础。在白雪的映衬下，越发得厚重而苍翠。毛白杨那笔挺的树干，径直冲向天空。白皮松那斑驳的颜色，更是为萧瑟的冬季增加了一份生机气象（图 4-151 ）。

（3）小结

元大都城垣遗址公园以土城垣遗址和小月河为两条主线，以乔木为主景，以花灌木为点缀，进行了因地制宜的植物选择和种植，体现出了植物的色、香、姿、韵等特点，在统一的整体感中体现出分明的层次和韵律，是城市街头绿地的成功典范。

图 4-148　元大都城垣遗址公园的春景

图 4-149　元大都城垣遗址公园的夏景

图 4-150　元大都城垣遗址公园的秋景

图 4-151　元大都城垣遗址公园的冬景

4.4　场所纪念精神的表达

场所精神是指利用构成场所的物质所具有的材料、质感、颜色等特性，通过人工的设计和组合，并结合场地所蕴含的历史文化信息，使物质与人之间产生精神层面的沟通，从而传达出特定的场地信息。在遗址公园中纪念性的表达除了直白的遗址本体展示以外就是通过场地的场所精神传达给观者。

4.4.1　场所精神

从场所理论的本质看，场所是精神属性和物质属性的联合体，其中精神属性是场所理论中最为强调的。而这种精神属性正是通过场所中的物质实体传达出来的，既有隐性传播也有显性传播，但都是对场所所处区域的地域特色及文脉的体现。人会对其所处的场所产生心理感知从而确立某种认知态度，若某一场所具有鲜明的地域特色及文化特征，如清晰的环境结构和识别性高的建筑、道路等构筑物，那么身处其中的人就容易被场地所表达出的场所感吸引，进而产生心理上的归属感和认同感；反之，则会出现失落和陌生的心理感受。这种因环境表象而产生的人在内心及情感上的感受就是场所精神。

场所精神的具体模式可以概括为，场所通过其中物体的材质、形体、质感以及构图等因素向身处其中的人传达信息，同时将与人相关的文化、历史、地域、

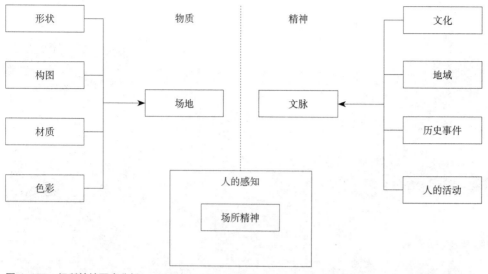

图 4-152　场所精神要素分析

活动等精神因素渗透到场所之中，从而建立起"物质"和"精神"之间的互动关系（图 4-152）。

4.4.2　场所精神的传达

北京城市遗址公园当中根据各公园主题的不同，所反映出的场所精神也是不同的。用以传达场所精神的物质载体正是本章前文中所分析的各类园林景观。例如，元大都城垣遗址公园西土城内的"蓟门烟树"景点。明军攻陷大都后，大都北城垣向南缩进 2500 米，因此该段城垣由此而荒废，城垣上长满了树木，后乾隆皇帝来此寻访，将城垣上的残门命名为蓟门并作诗并立碑于此，固得名"蓟门烟树"。现今该景点的核心构筑物正是当年乾隆亲笔题词的蓟门烟树石碑，依旧矗立在土城墙之上，以该石碑为中心，下设传统园林中的亭、廊等建筑物，以青砖铺地，并通过古树、翠竹等植物围合一个尺度和比例舒适的小场地，形成一处静谧的庭园景观。正是场地中的石碑、建筑、青砖灰瓦以及古树等物体向场地的使用者传达出苍莽雄劲的场所精神，使人仿佛看到了当年的"蓟门烟树"景象（图4-153）。

场所所具有的精神内涵随其构成物的色彩、外形、质感、组成方式的不同而改变，就北京城市遗址公园场地场所精神的传达可以归类为四种方式。

4.4.2.1　以形传神

以形传神是指运用场地或物体的形状来传达场地精神的手法。北京城市遗址

图 4-153　蓟门烟树景点

公园中，除了通过遗址这一核心构筑物来传达公园的场所精神，还从遗址的形体中抽象出一定的样式元素，作为公园小品设施等构成物的形体来源，以此增强场地范围内的环境感染力。

明城墙遗址公园中的小品设施，如坐凳等造型灵感源自从城墙形象中抽象概括出的方形螺纹状结构，这一形体元素贯穿于公园的各个角落，传达出强烈的复古气息，极好地迎合了古城墙的主题（图 4-154）。

元大都城垣遗址公园的东段在空间构成中，借鉴了元大都城垣遗址"马面"（相当于 99m×99m 的方格网体系）模数网格构成，通过在城垣北侧（小月河以北）与南侧城垣"马面"模数相对应的轴线位置设置出小广场的手法突出了城垣固有的历史结构，传达出了历史的信息，也使该区段在景观节奏上出现了重复的韵律，反复强调着固有的文化内涵。各个马面模数网格的具体处理手法基本相似，每隔 99 米形成一条与南侧城垣和小月河垂直的轴线，沿轴线在小月河北岸的场地中设置出一块方形广场，结合轴线末端的亲水平台共同构成一条完整景观轴。在各轴线的景观处理中偏向于西式园林的风格，通过广场上各种象征意义不同的雕塑来传达每个场地的独立主题，各个独立主题共同构成了公园场地的整体场所精神。

同样，如前文遗址景观分析中的圆明园遗址景观中那些已经完全被毁的遗址区域和团河行宫遗址公园中已经干涸的湖区和自然散落式的遗址区，正是通过保

图 4-154 明城墙遗址公园中的螺纹座椅

护场地原始风貌的形状（布局）和空间格局这一手法来塑造场所精神，诱人思考和想象以达到纪念性的传达。

4.4.2.2 以材传神

以材传神是指运用不同的材料元素来传达场地精神的手法，主要包括植物材料和建筑材料这两种。

植物是中国传统园林一大造景要素，通过独具匠心的配植理念和精湛的造景手法，使传统园林中的植物景观呈现出独特的文化内涵和鲜明的民族特色，体现出不同类型园林空间的特征属性。如文人园林中多种植寓意高风亮节的梅、兰、竹、菊等植物；寺庙园林中则选择菩提等七叶类树种；而皇家园林中，为了体现出皇室的绝对统治地位、尊贵身份和庄严肃穆的环境氛围，多种植白皮松、银杏等高大乔木。由此，大量的白皮松和银杏被种植在皇城根遗址公园中，在一定程度上

图 4-155 皇城根遗址公园中的银杏大道

营造出与皇城的庄严肃穆一脉相承的皇家园林氛围。明城墙遗址公园中，借助大量枝桠墨色、树叶浓绿的槐树，营造出场地古朴稳重的基调，与城墙固若金汤的形体感受相吻合（图 4-155、图 4-156）。

在建筑材料方面，明城墙遗址公园在建造场地和小品设施中多选用木质或花岗岩等古香古色的材料，旨在符合公园古朴典雅的环境氛围；元大都城垣遗址公园，为了体现出元朝粗犷朴实的民俗民风，其场地构筑物多选用与土城墙色彩质感相近的石材；营蒲河公园和皇城根遗址公园地处皇城脚下，为了凸显皇城的尊贵，大量应用了大理石等贵重石材（图 4-157、图 4-158）。

无论是植物材料还是建筑材料，在不同遗址公园中都有着各自特定的选择，目的在于要传达出于遗址场所相符合精神信息。

图 4-156　明城墙遗址公园浓绿的植物景观

明城墙遗址公园

元大都城垣遗址公园

图 4-157　不同材质传达不同的场所精神 1

皇城根遗址公园

菖蒲河公园

图 4-158　不同材质传达不同的场所精神 2

图 4-159　质感粗糙的大都建典雕塑

4.4.2.3　以质传神

材料质感的选取方面，各遗址公园多选择与遗址本身质感接近的材料。如在元大都城垣遗址公园中，多选用质感粗糙的材料，目的在于要与土城的质感接近，同时也是为了使场所传达出元朝豪放粗犷的时代特征信息，最为突出的就是"大都盛典"和"大都建典"这两大粗糙石材雕刻而成的群雕（图 4-159 ）。

4.4.2.4　以色传神

顾名思义，是指运用不同的色彩元素来传达场地精神的手法。北京古都的城市色彩在人们的心目中早已根深蒂固，如以金、红二色为主调的天安门、紫禁城、鼓楼、钟楼等中轴线建筑色彩；以灰色为主色调，以绿色为陪衬的四合院建筑色彩等都是古都城市色彩的代表。遗址公园在景观色彩的选择上体现了这些都城历史场所的场所精神。明城墙遗址公园的铺装及小品设施以灰色系为主，与城墙遗址的颜色相得益彰，符合了城墙遗址的特色；菖蒲河公园和皇城根遗址公园多使用金黄、暗红两种颜色，与皇城主色调相吻合，如在公园东西两侧，借助地形高差所形成的坡面，以绿色为底色，以红黄两色的植物组成带状的植物线作装饰，通过色彩隐喻此处曾是皇城，在一定程度上体现了皇家园林的氛围（图 4-160~图 4-162 ）。

图 4-160　明城墙遗址公园的灰色主色调

图 4-161　皇城根遗址公园多以黄和红进行色彩搭配

图 4-162　菖蒲河公园中金色的景观小品

4.5　小结

通过本章的分析可以看出北京城市遗址公园在园林艺术上具有较高成就。在保护遗址的前提下，北京城市遗址公园通过各种科学方式将这些宝贵的城市遗址很好地展示给社会大众，成为了各个公园中的标志性核心景观，通过遗址景观的展示，传承了历史文明和文化内涵，其中以圆明园遗址公园中的遗址景观数量最多、内容最为丰富。此外，通过深挖文脉内涵建设出极具地域文化特色的人文景观，很好地辅助了核心景观的展示。特色鲜明的植物景观不仅丰富了公园的景观体系，更是对遗址景观和人文景观起到了有效地烘托和气氛渲染。丰富的手法和特色各异的园林景观使北京城市遗址公园表达出了强烈的场地精神，沟通了人与物的精神世界，使人感动使人兴奋。

第5章 北京城市遗址公园的价值与意义

5.1 作为遗址保护空间的价值

通过人类的文明发展史能够发现。保留下来的形象可以消除语言文字的隔膜，可以在不同的国家、民族之间进行信息的传递，所以更有助于文化的了解及传播。一个民族的或者是国家的重要遗迹，就算只剩下了残垣断柱，也具有永恒的魅力和价值。由于对历史文化价值的统一性的认识，公众把不同民族的历史遗迹视为全人类的共同财产以及创造才能的见证。它们不只是属于某个民族与国家，更是属于我们全人类。它们不只是属于一代人，而且更是属于子孙后代。所以，我们越来越多地关注到，完好地保护遗产是我们当代人的共同责任。应该把历史遗迹全部的信息以及价值完全不变样地传承下去。这正是北京城市遗址公园作为北京城古遗址保护与展示载体的价值所在。

5.1.1 传承历史文明

城市的魅力，在于其所显示出来的特色。城市的特色，指的是这个城市的外在表象及内涵，是可以明显地区别于其他城市的特征。现代城市在全球化的影响下出现趋同化的危机，逐渐地失去了城市个性魅力。不同城市中的遗址就是不同城市自己的标志及个性，也是建设特色化城市的基础。无论是哪个时代的城市历史文化，都不可能是凭空创造而来的。城市文化的繁荣及发展，必须以前人创造出来的文化遗产为依据，然后经过再创造的过程。北京城市中的历史遗址正是体现城市特色内涵的重要载体，它能够表现出完全不一样的城市历史文明、传统文化等城市特征。北京现在无论有多么的繁荣，也不可以抛弃先人留下的遗产，不可以没有个性。

总体上说，北京城市遗址的所在区域，基本上都位于历史上的重要区域或者有重大事件发生的区域，是北京城历史进程的物质载体和证据。因此，这些遗址是人类探索城市历史文化及生存环境历史的宝贵资源，其价值是不可以替代且永恒不变的。

北京作为全国政治、文化的中心以及历史文化名城，是在元、明、清三朝的古都城池的遗留基础上，规划建设而成的。能够成为世界名都之一，其中一个重要的决定性因素就是拥有众多极具中国传统特色的标志性古建筑、古城规划以及古典园林等历史遗迹。这些保留至今的宝贵文物遗址是继承和弘扬城市文明必不可少的实体证据，是那些文字记载所不能取代的。圆明园遗址和团河行宫遗址，记载着北京城历史上的皇家宫苑的文明辉煌，就算到了今天就只有残垣断壁，身临其境还是能够欣赏与感受到当时鬼斧神工般的造园技艺。其空间布局、山水地形以及建筑式样等都在向世人展示着中国古典园林文化、造园意境以及昌盛的社会文明，成为当代学习和模仿的典范。元大都城垣、明城墙、皇城墙和皇城水系的遗址，是现在人们研究北京城的形成、发展以及变迁的物证。城墙的遗址记载着北京从无到有、从小到大以及从盛到衰的历史进程，是对过去社会政治、经济和文化，甚至精神领域的反映，更是留给北京城的一笔无价的城市财富。"托物寄史"、"托物寄情"正是这些城市遗址的历史价值所在，其所蕴藏的精神文明能量是无法估量的。

5.1.2 展现美学价值

时间与审美标准的转变是紧密相连的。对于审美者而言，由于时代的变迁遗址在原有功能内容上的吸引力逐渐消失，这使得遗址的外在形体美逐渐成为关注重点，日渐强化。距今越久远的遗址就越容易使人忽略其不美的一面，进而产生对其壮美过去的遐想和向往。以此来讲遗址的美可以概括为两类：一是遗址完整时的辉煌美；二是遗址损毁后的沧桑美。北京城市遗址公园将这些美学传承载体很好地保护下来并且在城市公共开放空间内将其巧妙地展示出来，起到了传播古代美学文明的意义。圆明园遗址、团河行宫以及城墙等遗址公园正是这方面的典型代表。

北京城市遗址公园中的遗址作为一种残缺的历史形象，其所展示的不是城市辉煌时期的建筑胜景，而是一种"意象"美的传达。

"意象"美的表现偏重于以实显虚，"意"是指审美者的主观思想感情，"象"是指环境和景象的外在表象。"意象"美突出的是情与景交融，在本质上讲就是反映了心与物，主体与客体的双向交流和内在统一，是一种寓意深远、虚实结合，含蓄隽永的美学表现形式。遗址的"意象"美可以归为四类。

5.1.2.1 遗址的残缺之美

遗址和建筑的关系可以看作时态中的现在进行时和过去时的关系，遗址是延续和升华了建筑的生命，而建筑则是遗址完美形态的前世。一个建筑的辉煌时期是短暂而美好的，而遗址则是持久而震撼的。当你面对抱紧风霜只剩下残墙断壁的遗址时，无需语言的表达，也能被其沧桑的美感所震撼。

来到圆明园、明城墙等遗址公园，面对着这些宫苑和城墙的遗址，如同回到过去一般，时间的阻隔在此消失，充满了对遗址盛世辉煌时代的美好画面及对未来的猜想，这种真切的内心感受正是通过遗址的残缺之美所传达出来的，使心与物之间产生了交流，沟通了人与物之间的精神世界（图5-1、图5-2）。

图 5-1　大水法遗址的残缺美

图 5-2　明城墙遗址的残缺美

5.1.2.2 遗址的意境之美

意境是指通过具体的环境及事物使人所感受到的环境氛围、艺术情趣以及因此而产生的联想或幻想的总和。其中"境"是指人内心深层次的感受世界，属主观意识范畴。意境是中国传统美学体系中衡量园林艺术作品的最高层次标准，也因此意境的创作贯穿于中国园林发展史的全部过程。由于古典园林中意境的成功塑造，人们才会因苏州私家园林的精致秀美而神怡，也会因皇家园林颐和园的雄伟壮观而震撼。这也是至今遗址空间中依旧可以体会到意境之美的原因所在（图5-3、图5-4）。

图5-3 北京皇家园林的雄伟壮观（颐和园）

图5-4 江南私家园林的精致秀美（留园）

在北京城市遗址公园凝聚了遗址本体的静态形体美和人对环境所产生的动态意境美。遗址本体是实实在在的存在于遗址公园环境中，无论其以何种形式存在，都表现出与其蕴含的信念、理想、价值观相关联的精神力量。这种精神力量是遗址场所传达出来的意境美感，具有感通力、导向力和激发力的作用。感通力使人产生对历史深远而凝重的思索，拉近了时空距离；导向力能使人在历史中寻找到正确的人生价值观；激发力则能够使人获得进步的动力，因此，遗址在意境美学上具有无可替代的价值。

静态的遗址承载着深沉而厚重的历史记忆，动态的意境反映着人类对于遗址认识的不断进步。从某种意义上说，人类对于遗址价值认识的不断发展、不断提升，正是人类从中获得精神层面上满足的过程，是一种享受遗址美的过程。北京城市遗址公园对于遗址的展示，不只局限在具体外在形象的展出，更重要的是向观者传达出遗址表面形体下所深藏的精、气、神等深层次的意境内涵。概言之，就是使人能够通过眼前遗址的静态形体激发出自身无限的动态想象力，进而获得无穷尽的动态意境美感。

5.1.2.3　遗址的寓意之美

城市遗址的寓意是借助遗址空间的意象所表达出的能够被观者所感知和接受的一种抽象观念意蕴，其表达的关键在于象征手法的运用。不同国家、不同民族拥有不同的遗址，但都是通过象征手法的运用使遗址景观能够表达出不同国家、不同民族所特有的城市文化及精神意义。这正是残缺的遗址所体现出的寓意之美。

同样，北京城市遗址公园对于遗址的寓意美的表达也是借助象征传达出来的，这些遗址景观大多以实显虚、情景交融，具有虚实结合、含蓄隽永的表现形式。如元大都城垣遗址公园中的"大都建典"、"大都盛典"等景区通过具象雕塑结合广场、水景、植物，节后背景中的大都土城垣实体，构成了虚幻的元朝盛世场景，寓意社会的太平昌盛；皇城根遗址公园中的身穿长袍马褂的长辫清代老人翘首探望坐在长椅上操作笔记本电脑的现代女孩的雕塑，通过虚拟的雕塑场景，体现出了时代进步的精神等（图 5-5、图 5-6）。

由此可以看出，在现今北京的城市遗址公园中，虽然遗址意境残破或消失，已经无法直接反映出当初建筑者的想法和意念，但是依旧能够发现时代的痕迹和烙印，在满足对遗址保护这一基本功能的同时，表现出了其审美品格和审美寓意。此外，遗址寓意美的意境创造不可以只从设计者或建设者的主观出发，一定要结合历史实际、现代人的活动需求、审美取向等因素，成为一处使用方便、内涵丰富、寓意明确并具有一定艺术氛围和艺术情趣的场所，以此来激发观赏者丰富的联想。这才是探究遗址寓意，营造适宜环境，以期更好地为人服务的目的所在。

图 5-5　元大都城垣遗址公园大都建典雕塑

图 5-6　皇城根遗址公园跨域时间界限的雕塑

5.1.2.4　遗址的艺术之美

北京城市遗址公园对于遗址保护的个性特点在于对于遗址艺术价值的高度认同。哪怕只是遗址中一个小小的建筑构件陈列于公园之中，也能与画廊中的名画一样放射出夺目的光彩，关键在于如何看待不同遗址形体的艺术价值，这正是遗址的个性艺术美。遗址的这种艺术美具有极强的感通力，是观赏者获得心灵触动的外在推力，借助遗址的形体，观赏者可以产生某种精神上的反应和联想。如残损的大水法构件、只有基座的宫殿遗址以及城墙的残垣断壁无不展现着遗址的个性艺术美，观赏者可以通过这种艺术美的引导，感知它的饱经风霜，联想出古代城市社会的生活场景，惊叹于历史所成就的环境情趣（图 5-7、图 5-8）。

图 5-7　圆明园柱头遗址的精美雕刻

图 5-8　圆明园谐趣园喷泉遗址的精美工艺

5.1.3 承载教育意义

遗址和相关的环境遗产，都是环境演变、历史发展，也可以说是人和自然的关系的可靠记录。不只是考古学领域的研究对象，同时还是政治、环境、文化、经济等领域的直接或间接的研究内容。所以它是社会进步、经济发展、生态恢复的重要参考依据。对广大人民群众而言，遗址具有直接或者间接的，历史的或科学的教育意义。

重温北京的文化历史，深入地研究古代的生活、环境、经济上的变迁过程，不仅仅是为了满足我们内心的好奇，是为了更好地把握我们社会物质、文化、生活的发展规律。所以，从本质上讲，"遗址"是我们用来回忆过去、瞻仰历史及通古鉴今、情感间交流的物质文化载体，是非常重要的教育文化资源。遗址公园是能够把这种教育信息传达给社会大众的有效方式。

大量保护展示在北京城市遗址公园中的遗址遗迹，是某些局部的片段乃至整个城市历史进程的见证，是一种可以使人回忆历史的空间环境。可以让子孙后代形象地学习、了解祖辈的生活和成就。就此也就能够建立起逝去的、健在的以及未来的情感联系。例如：圆明园曾经是清王朝皇帝贵族用来游乐休闲的皇家园林，汇聚了不可估量的智慧与血汗。可是在 1860 年，八国联军却焚毁了这一绝无仅有的人类艺术珍品。断壁般的西洋楼石柱、支离破碎的大水法、空空如也的九州清宴等场景，交织了中华民族的兴、衰、荣、辱等多层次的信息，很是发人沉思，更加能催人猛醒（图 5-9、图 5-10）。

图 5-9　圆明园海晏堂遗址的残垣断壁 1

5.1.4　保留经济触点

遗址是旅游业的极佳吸引物，因为旅游者的一大心理取向就是获得新奇和震撼。旅游者可以借助眼前具有丰富内涵的遗址实体，通过自己的认知和感受，逐渐体会和领悟出遗址博大精深的内涵，从而获得心理的满足和愉悦。以此实现以遗址为刺激旅游业发展的触点进而最大限度获得遗址的旅游经济价值的目的。北京城市遗址公园以遗址作为公园特色，已经成为旅游观光经济的触发点，具有不可估量的经济潜力。

5.2　作为城市公共空间的价值

5.2.1　承载都城记忆，弘扬城市精神

城市的记忆，指的是对城市形成过程及其空间环境价值的历史性、完整性认识。一种城市的记忆会自然地凝固在一个城市的社会空间环境里，植根于人类的记忆里，从而形成人类对特定城市空间环境价值的认识形态。更重要的是城市记忆是城市整体文化遗产的组成部分。就算历史已经过去，但是人类不可以让这种宝贵的城市记忆被丢失。一定要努力地保护好城市中历史为其留下来的每一处痕迹。"保护文化遗产"并不是最终的目的，它仅仅只是一种行动。这种行动的意义在于确保能够保留下人类对于城市历史的印记。只有保护好城市的遗产文化，人们才可以时刻不忘自己是从何而来，会向何

图 5-10　圆明园海晏堂遗址的残垣断壁 2

而去，对城市未来的建设发展具有极其重要的指导意义。"北京城市遗址公园"作为承载城市记忆载体——遗址的保护与展示空间，对于城市记忆的传承具有重要的意义。

时至今日，北京已经超出了地理概念的范畴，更重要的是代表了一种特定的文化形态。北京独有的文化、历史、风俗，是在城市发展的过程中经过长期积累的成果，而且已经成为一种历史性的资源存储在当今北京的城市环境内部。北京，之所以能够成为富有魅力的历史性城市，主要是因为它所具有的独特的历史和文化积淀，以及因为这种积淀才能形成的，差异于其他城市的特色形象。而建立起这种文化上的特色，就是由于承载在城市之上的，不同历史时期的古代遗址。圆明园、团河行宫、古城垣这些都是北京城所独有的遗址文化形态，彰显着皇城古都特有的文化魅力，是区别于其他古城的标志性身份证明。

首先，北京城市遗址公园对于北京城市形象的提升起着至关重要的作用，是一种直接有效的方法。它体现出了古都北京固有的历史内涵及文化根基。若要说300年才可以练就一个真正意义上的贵族，那么要成为一座"实至名归"的古城名都，不历经千百年的磨砺是无法实现的。因此，北京城内的古代遗址，就好比是一个贵族的身份证明。它见证过的都城兴与衰，就好像一个族徽所记录的家族荣与辱。它所表达出来的"城市精神"与"文化底蕴"，就好像是家族徽章所体现出的家族气质与根基。"北京城市遗址公园"就是把城市当中，最蕴含城市历史与文化内涵的区域从尘埃中发掘，并且重新的整塑，为现在的人们提供可以看、可以触碰的历史形态。这些历史和这座城市以及这里的民众存在着牢不可破的、更密不可分的根源，一定会成为一种不可割舍的精神空间。

另外，北京城市遗址公园也是提高现代民众的"道德情操"及"文化素养"的有效途径。这些年来，我们的精力一直集中在发展城市的经济建设中，民众在物质上获得极大满足的同时，多多少少有些忽略精神世界的构筑。如果说在已经过去的时间里，民众已经在没有察觉的过程中，跟本民族的历史、本民族的传统文化越走越远，那么建设城市遗址公园，就是解决这一弊病的有效方法。民众会在没有任何强制力的影响下，被牵动着融入到古遗址中去，主动地去认识这座城市的历史，从而使这种历经千百年磨炼所铸就的"城市精神"得以延续。让人们在城市历史的感召下进行认真的思考，让人们在城市深厚的传统文化的影响之下成长，这将对这个城市甚至这个国家的历史文明传承产生深远的影响。

5.2.2 增加城市多样性，协调发展步调

城市的多样性具有两个层面的表现。一是因为地域性差异而产生的不同城市

间的多样化；二是某一城市自身的多样化。因此，在北京城市遗址公园中的不同时期、形体各异的遗址，不但能够显现不同城市本身与其他城市完全不同的历史文化特色。也能够反映出某一城市在历史层面上的厚度与广度，形成自身的多样性。刘易斯·芒福德申明："每个城市都是一定时间的产生物，在每个城市当中，时间已经变成了能够看见的事物。时间在结构上的不定性，能够使城市在一定程度上，减少了当前局面下的单一化、刻板化的管理，和只是重复从前的一种节奏所导致的未来的单一性。借助时间与空间之间的复杂化的融合城市的生活就好比劳动中的分工一样，形成了交响乐一般的特质。各种样式的乐器，各种类型的演奏者，合奏出了恢宏的乐章。不管在音色上还是音量上，绝对是单一的乐器所不能企及的。"

因此，北京城市遗址公园的特色化建设，不只是保护与利用"古遗址"的有效方法，同时对于城市多样性的增加有着十分重要的意义。圆明园和团河行宫向我们展示了盛世辉煌时期的皇家宫苑的气势磅礴，同时用遗址实体给我讲述了一个朝代和一座都城由盛到衰的残酷历史进程，成为了现代化城市高速发展过程中调节时间的进程，凝固历史的城市细胞。

另外，如果保护性的工作，仅仅是停留在限制和阻止等被动化的保护活动上，是绝对不可能从根本上有效避免由于城市发展而造成的遗址空间侵蚀现象的出现。迫于城市进步的压力以及城市环境更新的胁迫，同样需要对遗址环境进行适当的合理的二次利用。所以，一定要将城市遗址区域看成是城市的构成要素，将遗址区域按照城市遗址公园的形式保护及利用，将已被因环境发展而淘汰的遗址区域再次融合到城市的体系当中，成为北京整体发展中的必要构成。在城市的整体发展策略的引导下，协调这些遗址区域与城市环境建设、发展走向、用地性质调整等多方面的矛盾，实现保护和发展双赢的局面。

圆明园遗址曾经就面临这问题，由于城市道路交通的拓展，城市的主干道距圆明园的北墙仅有几米的距离，固然城市道路的建设，必将带动公园周围的商业、住宅、企业等事业的长足进步。但是对遗址环境也造成了很直接的、破坏性影响。元大都城垣、明城墙、皇城根等遗址公园同样面临城市道路和绿地等城市建设行为的扩张性影响，而将这些城市遗址纳入到城市公园体系中，就解决了遗址与城市发展在功能和步调上不一致的问题，在保留遗址的同时满足了城市发展建设的需要，形成了多样性的城市发展建设模式。

5.2.3　调节城市空间，增强生态效益

由于城市的飞速发展，城市用地在不停地扩张，道路逐渐变宽、建筑慢慢变高，可是和城市民众生活关系最为直接的城市公共空间却在不断缩小。开发的密度过大从而导致现代化大都市中普遍存在缺少公共绿地的问题。这就造成民众对于生活环境质量不断增长的需求与日益恶化的城市环境之间的矛盾日益

激化。

依据有关统计数据，现在我国大多数城市中的人均休闲活动场所的面积远远低于发达国家的平均水平。所以遗址周边的空间，对于现在城市公共开放空间的建设具有不可忽视的意义。其空间环境的改造，空间功能转化的成功将会给原始空间带来不可想象的变化。借助土地功能的置换，把城市遗址和城市绿地建设相互结合起来，不只是利于遗址的保护与利用，更重要的是可以使城市生态环境得到极大的改善。

因此，将北京城市遗址区建设成为城市公园可以起到对城市公共空间进行调节的作用，增加人均公共绿地面积。2000年编制的北京市总体规划中，将位于城墙遗址位置的公共区域确定为城市园林绿地系统的一部分。明城墙遗址，通过建设城市遗址公园，墙边新增加的12000平方米绿地，总绿地覆盖面积106000平方米，绿地覆盖率达到了89%。与此类似，菖蒲河公园的绿化率达到65%；皇城根遗址公园的总体绿化率达到90%以上；元大都城垣遗址公园的绿化覆盖率达73%。这些数字有力的说明，北京城市遗址公园在公园建设中极其重视绿化建设，使绿化面积在合理范围内达到了最大化，充分发挥了公园作为城市公共绿地的功能。因此，将遗址保护和生态环境保护相结合，使这些区域成为了城市的"绿肺"，极大地优化了城市的生态环境。

北京城市遗址公园在生态效益方面的价值有以下两大突出的特点：

（1）强调生态意识，贯彻以"植物造景"进行园林建设的方针

随着时代的进步，人们已不满足于单纯的观赏和游憩类型的园林空间，更多的是追求更具环保意义的自然化空间环境。北京城市遗址公园在环境营造中以回归自然环境为宗旨，极其重视植物造景，这在第4章关于植物景观的解读中已经可以明显体现。绿色植物是生态系统的基础，人们利用植物用植物本身所固有的季相变化美、色彩美和形态美结合现代高度发达的造园技艺所形成的"园林景观"不仅可以改善环境，更重要的是创造出贴近自然的人工环境，使人获得心灵上的归属感。

（2）发展草坪文化，使"黄土不见天"

近年来，随着环境保护意识的提高，人们对环境自然美的追求也越发高涨，绿草茵茵的草坪，不仅能给人带来宁静闲适的感受，更重要的是可以有效地发挥固沙防尘的作用，对改善空气质量起着至关重要的作用。在日本、新加坡、美国以及德国等草坪文化发达的国家，很早就提出了"不见一寸土主义"，其宗旨就是要将草坪、森林和水面覆盖在除建筑、道路、农田之外的所有土地，代表了当代生态文明的新取向。因此，在北京城市遗址公园的园林绿化中，不只是大量植树造林，更重要的是大力发展了草坪文化，使"黄土不见天"，进而达到"风不扬尘、雨不泥泞"的目的。明城墙遗址公园在这方面表现最为突出，除城墙遗址以外的土地基本都被草坪所覆盖（图5-11）。

图 5-11 明城墙遗址公园疏朗的草坪景观

5.2.4 带动城市发展，提升经济效益

城市是自然环境与人类文明互通融合的结合物。城市文化是一个城市得以发展的灵魂，城市的历史文化财产，不单只是这个城市的宝贵精神财富，而且是一个城市的发展力、延续力以及影响力的基石。处于知识经济与信息化的浪潮当中，人们会越来越深刻的意识到历史文化财产所包含的意义。大多数的知名城市都是以它们悠久的历史韵味以及特色的文化内涵才得以扬名世界。现在，每个城市都已经很难借助有限的技术能力进行有效的竞争。遗址作为历史文化遗产的一部分，将对它的保护作为城市文化发展的策略并且融入到经济发展总体规划中，既可以增强城市的综合竞争力，又能够带动城市的总体发展。

我国遗址的保护基本依靠国家资金援助。这样为了留存而进行保护的策略，严重缺乏了经济杠杆的动力支持，呈现出被动保护的消极状态。如果长期这样进行下去，必然会成为一项庞大的财政负担。失去激励机制的"遗址保护"在现代社会中是难以实现的。通过遗址的有效再利用而产生的经济利益，不单是可以满足遗址的维护以及持续的保护，还能够为周围的环境带来更新动力，拉动第三产业的持续发展。

北京城市遗址公园中的特色遗址，具有丰富的历史文化资源。使它们成为了重要的"城市旅游产品"资源。发展遗址旅游观光是北京遗址得以保护的重要途径之一，它可以广泛地传播遗产价值，提高民众的保护意识，在为保护提供所需要的资金的同时，促进遗址所在地的社会、经济发展。北京城市遗址公园，由于地处市区、交通条件便利，是市民远离城市喧嚣回归自然、感悟历史的最佳去处，在城市内部的休闲游憩用地普遍不足的现状下，将遗址保护同市民日常游憩和旅游开发相结合无疑是最佳的选择。

5.3 小结

北京城市遗址公园作为保护与展示城市遗址的重要载体同时具有极高的历史文化价值、美学价值、科学认知价值、教育熏陶价值、情感寄托价值、经济开发价值和旅游观赏价值。遗址给凭吊者提供无限的想象空间，容易使人升腾起一种沧桑感，使人感觉到一种高岸为谷、深谷为陵似的变化美。无论是遗址完整的"前世"还是残破的"今生"，只是在功能和形式上的变化，其重要的社会价值只会在内容上发生变化但绝不会消失不见。这就要求在社会文明高度进步的今天，我们必须正确看待遗址，合理对待遗址。科学合理对待遗址的态度和行动，可以折射出这个城市中人民的高尚文明层次和处于领先地位的现代化程度。

同时，北京城市遗址公园具有遗址保护和城市公园开放空间的双重身份，在合理保护遗址的前提下，有着再利用的必要性。因为只有能够被利用的遗址才是有生命的遗址，才可以激发遗址实体和其周围环境活力。一味地单独进行遗址的保护，是完全不切实际，而且根本不可能从真正意义上使遗址得到合理的保护。所以，也有必要以城市遗址公园这一形式对遗址进行恰当而合理的保护和利用。也正是因此，通过城市遗址公园的成功建设，北京城市遗址公园在承载都城记忆，弘扬城市精神；增加城市多样性，协调发展步调；调节城市空间，增强生态效益和带动城市发展，提升经济效益方面显示出不可忽视的社会价值，其存在和发展的必要性是客观社会现实和主观需求的必然。

尾　声　园林设计师的美好愿景

21 世纪的中国城市公园处于一个高速发展的势态，作为园林设计师队伍中的一员，笔者对北京城市遗址公园的发展怀有美好的憧憬。对于北京城市遗址公园来说，在未来的发展中依然要以城市"文脉"的传承为本，以满足公众需求为核心，在此基础上努力发展成为当今城市文化的景观象征，促进绿色生态城市的可持续发展。

1. 强调文脉传承的公共空间构建

现如今，城市公园的发展在"全球化"浪潮的冲击下，易出现景象千篇一律的弊病，因此，城市公园中体现地域特征的城市"文脉"不可再被忽视，公园建设应当以传承文脉为出发点，突出城市特征，展示城市形象。北京城市遗址公园必然也要遵循这一发展趋势。

北京城市遗址公园作为城市中的公共空间，文脉的传承包含继承与发展这两个维度的内涵。应当做到历史的连续、传统心理的延续、空间的连续和文化创新这四方面，前三方面体现出"传承"中"继承"这一维度，"文化创新"则是"发展"这一维度的体现。因此，构建传承城市"文脉"的遗址公园空间应当从以下四个方面进行努力：

（1）保护历史的连续性

城市遗址公园与一定城市历史紧密相连，它与时间的联系是密不可分的。城市遗址公园中的遗址景观是遗存下来的记载着城市演化过程的历史信息。保持历史连续性原则的内涵是指在现存区域原有的历史信息的基础上，将新的信息通过某些手法、方式与历史信息联系起来。应当注意的是，注入的新信息和原本的历史信息一定要具有相同的文化渊源，同时新信息应当反映当今时代的特点。

北京城市遗址公园中所蕴藏的历史文化价值是任何新建公园无法取代的。遗址景观和人文景观是北京城市遗址公园存在的依托，要充分利用公园的场地，开展与遗址历史相关的文化游园活动。此外，还可借助展览、多媒体等一切可应用的手法在北京城市遗址公园内向社会公众展示北京这一闻名世界的都城历史文化、展现城市特征，使其源远流长。

（2）营造延续传统心理的环境空间

一个城市或区域的全部特征是由生活其中的人的文化背景、世界观价值观、生活方式、传统劳动方式及所属的社会环境共同构成的。保护城市的历史信息，一方面要保护遗址实体环境，更重要的是要延续这一区域社会大众的传统心理和原真性的生活方式，"传统心理"的延续在这里就是指文化上的认同感，其实质就是社会生活文化的延续。

在北京城市遗址公园未来的建设中，应深挖公众生活文化，以体现公众生活文化的情节元素作为设计来源，通过地刻、雕塑等有效的表现手法，使其成为诉说城市生活文化的景观元素，使一些传统的民众生活休闲方式可以延续下去。这一手法即便不具备深厚的文化内涵，可是因为它们十分贴近生活，依旧是意趣盎然的。例如，皇城根遗址公园中"曲水流觞"这一景观，使人们回忆起古时文人墨客的文雅休闲场景；"隔窗观棋"，使无数人仿佛看见了当年皇城根脚下胡同里老百姓的简单快乐的生活，使人亲切感倍增，这种成功的经验是日后北京城市遗址公园建设发展过程中值得学习借鉴的。

（3）保持遗址空间的连续性

公园空间形态的差异性是由于其中蕴含的文化形态、经济形式、科技状态以及生活习俗的不同而造成的。因此，保持相应空间形态的连续性是保护遗址公园中遗址空间所蕴含的历史信息的原真性和保持历史延续性的必要措施。例如，北

皇城根遗址公园中曲水流觞景观小品

皇城根遗址公园中隔窗观棋景观小品

京传统胡同民居中曲径悠长的小路，会使人游走其中视点不断转换；此外，极具特色的空间划分以及其中正负空间的对比、递进式的空间层次和微妙变化的空间尺度，都是营造出特有京城历史文化氛围的手法。将这些空间处理手法应用于未来北京城市遗址公园的建设当中，必将成为公园突出传承文脉的新亮点。

（4）构建"文化创新"型遗址公园

这里所说的文化创新，强调的是继承与创新的统一，而不是舍弃原本的传统文化凭空创造出全新的文化形态。传统文化是具有动态发展特性的，所以，传承文脉不可以保守地坚持，更不可以视为僵化的公式，一定要在发扬文化传统的基础上尽可能地挖掘深藏其中的文化内涵，通过创新、吸收及充分融合，从而获得持续推进发展的动力，并进一步结合当代公众的生活方式与使用需求的变化情况，将当代的审美标准应用于公园设计之中，从而符合现今的价值观和审美观，进而真正提炼出城市文化的精髓，使其获得新生。例如，北京皇城根遗址公园中身穿长袍马褂的长辫清代老人翘首探望坐在长椅上操作笔记本电脑的现代女孩的雕塑（图5-6），既体现了皇都文脉的传承，又是现代美感的展现，过去与现代、传统与创新、继承与发展在此达到和谐统一，从而合理地突破了皇城根原有的文脉模式。重要的是这种创新是与当地的文化内涵相结合，是原有文脉的延伸，而且具有一个合理的主题定位和文化形象，并以恰当的形式出现，这一方式应当推而广之。

2. 满足公众需求的营建理念

北京城市遗址公园是现代城市重要的公共空间，是公众日常休闲、娱乐、交际等生活不可缺少的公共场所。目前北京市处在城市化快速发展的时期，公园建设是无法与城市发展分离的，它已经成为城市景观的必要构成元素，而且作为现代都市公园，必须是一个能够满足公众多种活动需求的场所，不能只局限于观赏、休息或娱乐。

（1）丰富休闲活动内容

城市遗址公园应该充当服务者的角色，主动为公众提供更多元的功能，将文化型、艺术型、生态型、运动型、教育型等休闲活动设施结合于园内，吸引大众前来使用。向着群众参与性强、文化性、寓教于乐和科学性高的综合休闲活动方式发展，从而提升市民的休闲体验，丰富"运动休闲类"的活动可以推进遗址公园的动态活动和静态活动和谐发展。例如，纽约中央公园，在20世纪80年代面对自然资源破坏和公园使用不当的困难时，决定在恢复奥姆斯特德时代的自由田园景观风貌的同时根据现代人的活动需求增置全新的运动休闲设施，使纽约中央公园从20世纪的"城市中的自然回归"模式转型到现如今的"休闲娱乐的源泉"模式，保持了经久不衰的吸引力。

（2）满足更多群体的需求

奥姆斯特德曾热切地期盼"优秀的公园能成为所有阶级的人们可以相遇和融

合的地方"。即便时至今日，体现城市遗址公园的真正价值和社会休闲效益的原则依然是不同阶层人士的共同认可。因此，兼顾不同年龄段、不同阶层人士、甚至不同国家人士的不同休闲需求，构建适合更多族群活动的空间，才能让北京城市遗址公园的内容更贴近公众生活的需求。例如美国宾州的知识公园，由于巧妙地将生物理论融入公园的景观设计中，得到了青少年的欢迎。所以，能够针对不同群体来设计所需的休闲方式和空间，才能适应市场经济的要求。随着城市公园种类多元化与主题化的加强，北京城市遗址公园的休闲内容若能够更加细分化，就越能丰富公园的休闲形式和提高公众使用的满意度。

（3）提高服务品质

随着不断提高的休闲活动需求，对于提高遗址公园服务品质的期待也就愈发强烈，人们都渴望环境干净卫生，盼望公园是充满流畅动感和活力激情的公共空间。所以，现在的北京城市遗址公园管理处或是游客服务中心应该更加积极主动，构建与社区组织、邻近学校、科研单位相互合作的平台，开展各类娱乐活动、体育活动等，营造公园的特色。并且细化播放系统、导盲系统、解说系统等体现人性化的服务设施，例如工作人员应该对遗址的历史、特点和本公园的发展变迁有一定的了解，能够像导游一样为公众提供高品质服务，以创建一个良好的展示与休闲游憩场所。

（4）针对老年休闲的新课题

城市老龄化问题已经成为北京"城市休闲"发展的重要课题。对于北京市的老年人，逛公园已经成为生活内容中不可缺少的环节。因此，遗址公园中不能仅仅设置休息长椅或者少数几部刻板的健身器材，需要科学地研究老年人的休闲活动方式，提供更合理的园区规划与设计。以构建"健康保障系统"为目标，在软件方面应成立专门的老年人休闲活动管理部门，定期举办休闲讲座、培训专业服务人员以及老年人志愿者等，以此倡导正确的休闲活动。在硬件方面要建立无障碍环境体系、休闲活动空间与设施等。这样才能使北京城市遗址公园成为"老有所乐"的休闲活动空间之一。

3. 塑造现代城市文化中的景观象征

作为现代都市文化重要象征的城市公园，是随时代进程长期积累而形成的公共场域，是城市发展中不可忽视的文化载体，需要借由文化和自然的调节，体现出城市文化景观的特色。这说明，城市遗址公园的本土文化特色直接反应出当今的城市文化底蕴与文化品位，即公园空间所传达的场地意识和场所精神，是品味当代城市文化和生活的必要窗口。

在全球化的辐射下，各地遗址公园都面临着传统文化与现代文化共荣的危机，以及景观趋同化的窘境。随着城市文化的复苏和重视，过去鲜少提及的历史记忆、文化保存、场所精神等议题，开始被一一倡导，成为构建现代城市遗址公园的意识主体。

因此，21 世纪的北京城市遗址公园应当具有更积极主动的态势，而不是始终在抄袭国外与回归传统之间徘徊，无论在理论还是实践上都未找到具有中国特色的独立发展模式。应该倡导的是既要继承优秀的文化传统，又要深挖历史文化内涵，创造出新时代的园林文化。未来的遗址公园应该体现出一种文化混合的现代性特质，一种兼容全球文化和地方文化的内在结构。将外部的影响力转化为淬炼内部文化的推动力，从而成为塑造城市文化的景观符号，这才是北京城市遗址公园的时代价值所在。

参考文献

[1] 汪菊渊.中国古代园林史[M].北京：中国建筑工业出版社，2006.

[2] 彭一刚.中国古典园林分析[M].北京：中国建筑工业出版社，1986.

[3] 周维权.中国古典园林史[M].北京：清华大学出版社，2004.

[4] 侯仁之.北京城的生命印记[M].北京：生活·读书·新知三联书店，2009.

[5] 北京市规划委员会，北京市城市规划设计研究院，北京市规划学会.北京城市规划图志[M].北京：中国建筑工业出版社，2008.

[6] 谢敏聪.北京的城垣与宫阙之再研究[M].台北：学生书局，1989.

[7] 王铎.中国古代苑园与文化[M].武汉：湖北教育出版社，2003.

[8] 罗哲文等.中国城墙[M].南京：江苏教育出版社，2000.

[9] 罗哲文，杨永生主编.失去的建筑[M].北京：中国建筑工业出版社，2002.

[10] 阮仪三.中国历史文化名城保护与规划[M].上海：同济大学出版社，1995.

[11] 阮仪三.历史环境保护的理论与实践[M].同济大学出版社，1999.

[12] 阮仪三.城市遗产保护论[M].上海：上海科学技术出版社，2003.

[13] 王景慧，阮仪三，王林.历史文化名城保护理论与规划[M].上海：同济大学出版社，1999.

[14] 宗天亮.圆明园遗址公园[M].北京：中国大百科全书出版社，2001.

[15] 王道成.圆明园——历史.现状.论争[M].北京：北京出版社，1999.

[16] 张先得.明清北京城垣和城门[M].河北：河北教育出版社，2003.

[17] 刘易斯·芒福德著，倪文彦，宋俊岭译.城市发展史[M].北京：中国建筑工业出版社，1989.

[18] 孟刚，李岚，李瑞冬等.城市公园设计[M].上海：上海同济大学出版社，2005.

[19] 李其荣.城市规划与历史文化保护[M].南京：东南大学出版社，2003.

[20] 李其荣.对立与统一——城市发展历史逻辑新论[M].南京：东南大学出版社，2000.

[21] 贺业矩.考工记营国制度研究[M].北京：中国建筑工业出版社，1985.

[22] 贺业矩.中国古代城市规划史论丛[M].北京：中国建筑工业出版社，1986.

[23] 方可.当代北京旧城更新——调查，研究，探索[M].北京：中国建筑工业出版社，2000.

[24] 黄建军.中国古都选址与规划布局的本土思想研究[M].厦门：厦门大学出版社，2004.

[25] 蒋蓝.正在消失的建筑[M].北京：中华工商联合出版社，2003.

[26] 李雄飞，王悦主编 . 城市特色与古建筑 [M]. 天津：天津科学技术出版社，1988.

[27] 李雄飞 . 城市规划与古建筑保护 [M]. 天津：天津科学技术出版社，1989.

[28] 蒲震元 . 中国艺术意境论 [M]. 北京：北京大学出版社，1999.

[29] 祁英涛 . 中国古代建筑的保护与维修 [M]. 北京：文物出版社，1986.

[30] 王军 . 城记 [M]. 北京：生活 . 读书，新知 . 三联书店 .2006.

[31] 王世仁 . 文化的叠晕——古迹保护十议 [M]. 天津：天津古籍出版社，2004.

[32] 吴家骅 . 景观形态学 [M]. 北京：中国建筑工业出版社，1999.

[33] 俞孔坚，李迪华 . 城市景观之路 [M]. 北京：中国建筑工业出版社，2000.

[34] 张先得 . 明清北京城垣和城门 [M]. 河北：河北教育出版社，2003.

[35]（加）艾伦·泰特 . 城市公园设计 [M]. 周玉鹏，肖季川，朱青模译 . 北京：中国建筑工业出版社，2005.

[36]（美）柯克欧文 . 西方古建古迹保护理念与实践 [M]. 北京：中国电力出版社，1985.

[37]（日）相马一郎，佑古顺彦 . 环境心理学 [M]. 李曼曼译 . 北京: 中国建筑工业出版社，1986.

[38] 郭黛姮 . 关于文物建筑遗迹保护与重建的思考 [J]. 建筑学报，2006（06）.

[39] 陈志华 . 保护文物建筑和历史地段的国际宪章 [J]. 世界建筑，1986.

[40] 李丙鑫 . 团河行宫的兴衰 [J]. 古建园林技术，1985（2）.

[41] 刘思跃 . 广州新石器遗址公园 [J]. 中国园林，2005（6）.

[42] 陈胜泓 . 工业遗址公园 [J]. 中国园林，2008（2）.

[43] 王冬青 . 中国中山公园特色研究 [D]. 北京：北京林业大学，2009.

[44] 田林 . 大遗址遗迹保护问题研究 [D]. 天津：天津大学，2004.

[45] 付溢 . 后现代主义对西方现代园林的影响 [D]. 南京：南京林业大学，2005.

致　谢

感谢贾东教授。贾老师既是我工作上的引路人，使我在科研治学和待人处世方面都受益良多。在教学工作中，更是得到贾老师的言传身教。我对教学一事的兴趣，也大多从此而生。贾老师的为人、为师之道，是我的榜样。本书的完成，更是得到了贾老师的大力支持和督促。

感谢孙雪梅同学为本书绘制了部分插图。她们的努力，为本书增色不少。

感激中国建筑工业出版社的唐旭老师为本书的出版所做出的辛勤工作。

感谢诸位师长和同事们在本书的写作过程中给予的支持和帮助。

感激我的家人。没有他们的支持和鼓励，本书不可能完成。

本书的研究承蒙"北京市教育委员会学科建设专项——建筑学科9072"、"北京市教育委员会科技计划面上项目——KM200910009007"、"北京市教育委员会人才强教深化计划——PHR201106204"、"北方工业大学重点项目——传统聚落低碳营造理论研究与工程实践"的资助，特此致谢。